职 业 教 育 食 品 类 专 业 教 材

中国轻工业“十四五”规划立项教材

食品分析与检测技术

（第二版）

SHIPIN FENXI YU JIANCE JISHU

张金彩　主编

中国轻工业出版社

图书在版编目（CIP）数据

食品分析与检测技术 / 张金彩主编. -- 2 版.
北京：中国轻工业出版社，2025. 1. -- ISBN 978-7
-5184-5075-6

Ⅰ. TS207.3

中国国家版本馆CIP数据核字第2024KW6599号

责任编辑：刘逸飞

策划编辑：张 靓　　责任终审：许春英　　封面设计：锋尚设计

版式设计：砚祥志远　　责任校对：晋 洁　　责任监印：张 可

出版发行：中国轻工业出版社（北京鲁谷东街5号，邮编：100040）

印　　刷：三河市国英印务有限公司

经　　销：各地新华书店

版　　次：2025年1月第2版第1次印刷

开　　本：787 × 1092　1/16　印张：12.5

字　　数：252千字

书　　号：ISBN 978-7-5184-5075-6　　定价：39.00元

邮购电话：010-85119873

发行电话：010-85119832　010-85119912

网　　址：http://www.chlip.com.cn

Email：club@chlip.com.cn

240590J3X201ZBW

第二版前言

为深入贯彻习近平新时代中国特色社会主义思想和党的二十大精神，落实党中央、国务院关于加强和改进新形势下大中小学教材建设的意见，依照中等职业学校食品和生物相关专业课程标准并结合企业用人的实际需求，对《食品分析与检测技术》进行修订。第二版教材在第一版的基础上进行创新与提升，主要特点如下。

1. 在教材中全面融入课程思政内容。

2. 突出职业教育特点，以33个典型工作任务形成教材主线。依据最新国家标准，对本教材的检测任务进行更新，修订内容高达70%以上。

3. 进行深入产教融合，聘请企业能工巧匠共同开发教材。对校企及校际合作，联合开发教材进行了有益尝试。

4.加入丰富数字化资源。

本教材以每个分析岗位的工作任务为驱动，明确工作内容，注重完成该任务所需的各种职业能力，将科学性与实用性相结合。每个工作任务具体翔实，操作步骤清晰，便于学习掌握。本教材力求规范学生的基本操作，培养学生良好的专业素质和严谨求实的科学态度，提高学生分析和解决问题的能力，为食品行业培养具有一技之长的技术技能型人才。

本教材共设有六个项目，分别为酒类检测、乳及乳制品检测、焙烤食品检测、粮油及制品检测、肉蛋及制品检测和水果及制品检测。每个项目结构基本相同，分别由任务、【知识链接】、【拓展阅读】、【思考练习】四个部分组成。附录中的食品分析与检测技术技能训练工作页（见附录一）可以随时记录检测分析的全过程。

天津市第一轻工业学校正高级讲师张金彩担任本教材主编并进行教材整体设计。参与编写的人员如下：绪论由张金彩编写；项目一由张金彩、曲艾钰和孙月芹编写；项目二由张金彩、王丽和孙月芹编写；项目三由王丽、曲艾钰和孙月芹编写；项目四由曲艾钰和宫宇嘉编写；项目五由曲艾钰、孙月芹和宫宇嘉编写；项目六由王丽和曲艾钰编写。天津市第一轻工业学校曲艾钰完成了对本教材检测任务的更新并融入了课程思政内容。天津市经济贸易学校孙月芹完成了对本教材检测任务的更新及数字化资源添加。感谢天津津酒集团高级工程师张锦涛将白酒感官实岗检测内容引入教材。

本教材可以作为中等职业学校食品安全与检测技术专业教材，也可以作为从事食品岗位的初、中级检验员的参考用书。

鉴于编者学术水平有限，不当之处在所难免，敬请广大读者批评指正。

编者

第一版前言

“食品分析与检测技术”是职业院校食品类专业的核心课程，本教材以国家职业资格鉴定标准与企业用人实际需求为依据，适当融入了我国食品行业发展预期。在充分调研、论证的基础上，提炼食品分析检验岗位的典型工作任务，以每个分析岗位的工作任务为驱动，明确工作内容，注重完成该任务所需的各种职业能力，将科学性与实用性相结合；每个工作任务分析具体翔实，操作步骤清晰，边演示、边讲解、边练习，以知行合一为主要的教学形式，将理论学习与实践学习相结合；坚持以学生为主体，充分考虑学生学习兴趣和职业院校学生的特点，将促进学生认知能力发展和建立职业认同感相结合，力争实现知识与技能、过程与方法、情感态度与价值观学习的统一。

本教材力图规范学生的基本操作，培养学生良好的专业素养和严谨求实的科学态度，提高学生分析问题和解决问题的能力，将学生塑造为食品行业具有一技之长的实用型人才。本教材注重过程评价考核，根据国家职业标准针对食品检验工知识及技能的要求，考核学生食品分析与检验的理论知识和操作技能，包括职业道德、职业素养、仪器设备、分析检测方法、食品国家标准及能用抽样检查方式对相关食品的成分、卫生等指标进行检测的能力等。通过本课程学习，学生可以直接参加国家职业资格食品检验工（初、中级）考试，考取职业资格等级证书。

本教材共分为五个项目，分别为酒类检测、乳及乳制品检测、糕点糖果检测、粮油及制品检验和肉蛋及制品检测。每个项目结构基本相同，分别由【任务分析】、【知识链接】、【能力拓展】、【思考练习】四个部分组成。“食品分析与检验技术技能训练工作页”可以记录下每个检测项目分析的全过程。

本教材的绪论部分、项目一酒类检测和项目二乳及乳制品检测由天津市第一轻工业学校张金彩编写，项目三糕点糖果检测由天津市第一轻工业学校王丽编写，项目四粮油及制品检验和项目五肉蛋及制品检测由哈尔滨轻工业学校宫宇嘉编写。

本教材可以作为职业院校食品分析与检测课程教材，也可以作为从事食品岗位的初、中级检验员的参考用书。

教材的编写是一项探索性工作，疏漏和欠妥之处欢迎读者批评指正。

编者

目录

绪论 / 1

项目一 酒类检测 / 17

项目二 乳及乳制品检测 / 51

绪　论

一、食品分析与检测技术概述

食品分析与检测技术是专门研究各种食品组成成分的检测方法及有关理论，进而评定食品品质的一门技术性学科。消费者需要高质量、安全、营养、美味可口、有益健康的食品。食品分析的任务是控制和管理生产，保证和监督食品的质量，为新资源新产品的开发、新技术新工艺的探索等提供可靠的依据。

食品安全问题主要表现在微生物污染食源，食用农产品种植、养殖过程中农药、兽药使用不当导致的食品中农药、兽药残留超标，食品生产加工过程中的假冒伪劣和食品添加剂滥用等。食品安全问题严重危害着人们的生命安全。所以提高食品安全性，需要食品分析与检测的保驾护航。

民以食为天，食品安全问题关系到每个人的健康，影响着社会的稳定发展和不断进步。若不能把好食品安全关，势必造成重大人身安全事故，造成社会秩序的混乱，阻碍社会经济的快速发展，为此运用高科技实施高质量的食品检测工作十分重要。

1. 食品分析与检测的内容

（1）食品营养成分分析　衡量食品品质的标准是食品必须含有适量的蛋白质、脂肪、碳水化合物、水分、矿物质、维生素，根据这些物质的含量来确定食品的主要营养价值。营养成分的分析是食品分析的主要内容。

（2）食品添加剂和辅料的分析　在食品制作过程中，加入辅料和食品添加剂的目的都是为了提高食品的质量。如果所用品种和数量不当，没有严格遵守国家的规定，反而会使食品质量变差甚至不能食用，所以对这些辅料和食品添加剂的鉴定和检测是食品分析的重要内容。

（3）食品中污染物的分析　为了保证食品的安全性，必须对食品中的污染物进行检验。

①食品污染按性质分类：生物性污染，如细菌、霉菌及其毒素；化学性污染，如农药、兽药、重金属、食品加工过程中形成的有害物质、包装材料中的有毒物质。

②食品污染按来源分类：环境污染所造成的食品原料污染；食品在加工过程中被污染。

（4）食品的感官鉴定　感官鉴定根据人的感觉如视觉、味觉、嗅觉、触觉检查食品的外形、色、香、味和硬度来鉴定食品的好坏。也就是说感官鉴定带有一定的主观性，但是人们通过食品色泽、组织状态、风味、香味和有无杂质等可直接用感官鉴定其新鲜度、成熟度、加工精度、品质特征。所以感官鉴定是食品分析不可忽视的项目。

2. 食品分析方法的选择

通常采用的食品分析方法有：感官分析法、物理分析法、化学分析法、仪器分析法、微生物分析与酶分析法。

（1）感官分析法　感官分析法是利用人体感官的刺激反应即感觉，如味觉、嗅觉、视觉和触觉等，用符号或文字作实验记录的数据，对食品的各项指标，如色、香、味、形等做出评判，后对实验结果经统计分析得到结论的方法。

当食品的感官性状发生轻微的异常变化时，常会使人体感觉器官也产生相应的异常感觉。因此，不论是评价还是选购食品，感官分析法都具有特别重要的实践性和应用性。凡是作为食品原料、半成品或成品的食物，其质量优劣与真伪评价，都可采用感官检验，而且该法既适用于专业技术人员在室内进行技术鉴定，也适合广大消费者在市场上选购食品时应用。广大消费者从维护自身权益角度讲，掌握这种方法也是十分必要的。不论对何种食品进行质量评价，感官鉴定总是不可缺少的，而且常在理化和微生物检验之前进行，是一种最简单、成本最低的分析方法。

（2）物理分析法　根据食品的物理常数与食品的组成及含量之间的关系进行检测的方法称为物理分析法。

物理分析法通过对被测食品的某些物理性质如温度、密度、折射率、旋光度、沸点、透明度等的测定，可间接求出食品中某种成分的含量，进而判断被检食品的纯度和品质，包括相对密度法、折射法、比色法、气体分析法、黏度检测法等。物理分析法简便、实用，是食品分析及食品工业生产中常用的检测方法。

（3）化学分析法　化学分析法是以物质的化学反应为基础的分析方法，主要包括称量分析法和滴定分析法两大类。化学分析法适用于食品中常量组分的测定，所用仪器设备简单，测定结果较为准确，是食品分析中应用最广泛的方法。化学分析法也是其他分析方法的基础。虽然目前有许多高灵敏度、高分辨率的大型仪器应用于食品分析，但现代仪器分析也经常需要用化学方法处理样品，而且仪器分析测定的结果必须与已知标准进行对照，所用标准往往要用化学分析法进行测定。因此，经典的化学分析法仍是食品分析中最重要的方法之一。

①称量分析法，以前曾称重量分析法，是采用一定的分离方法（汽化法、萃取法、沉淀法和电解法等），将被测组分从试样中分离出来，然后通过称量求出被测组分含量的分析方法。食品中的水分、灰分、挥发分等的测定常用称量分析法。

②滴定分析法是将一种已知准确浓度的试剂溶液（即标准滴定溶液）滴加到待测物质的溶液中，直到所加试剂与待测组分按化学式计量关系完全反应为止，根据所加试剂溶液的浓度和用量计算出待测组分的含量。滴定分析适用于测定常量组分（即组分含量大于1%，取样量大于0.1g，滴定体积大于10mL）。其特点是仪器设备简单，操作简便，快速准确，应用广泛，分析的相对误差为0.1%~0.2%。

滴定分析的反应终点通常以指示剂颜色的变化来判定，当指示剂颜色变化且30s内不变色即为终点。除用指示剂来判断滴定分析的反应终点外，还可以用其他的方法来判断，如根据滴定分析中溶液的pH变化来指示和判断滴定分析的反应终点等。

滴定分析根据所利用的化学反应类型不同，通常分为酸碱滴定法、氧化还原滴定法、沉淀滴定法和配位滴定法四类。滴定分析的方式有四种，即直接滴定法、返滴定法、置换滴定法和间接滴定法。

（4）仪器分析法　仪器分析法是以物质的物理和物理化学性质为基础的分析方法。这类方法需要借助较特殊的仪器，如光学或电学仪器，通过测量试样溶液的光学性质或电化学性质从而求出被测组分的含量。仪器分析方法具有简便、快速、灵敏度和准确度较高等优点，是食品分析发展的方向。随着科学技术的发展，将有更多的新方法、新技术在食品分析中得到应用，这将使食品分析的自动化程度进一步提高。

食品分析中常用的仪器分析方法有光学分析法、电化学分析法和色谱分析法。

①光学分析法是基于能量作用于物质后产生电磁辐射信号或电磁辐射与物质相互作用后产生辐射信号的变化而建立起来的一类分析方法，它是仪器分析的重要分支。

②电化学分析法是一种根据物质的电化学性质所建立的分析方法，主要包括电位分析法、电导分析法、电流滴定法、库仑分析法、伏安法和极谱法等。

③色谱分析法是一种重要的分离富集方法，可用于多组分混合物的分离和分析，主要包括气相色谱法、液相色谱法（又分为柱色谱和纸色谱）以及离子色谱法。此外，还有许多用于食品分析的专用仪器，如氨基酸自动分析仪、全自动全能牛乳分析仪等。

（5）微生物分析与酶分析法

①微生物分析法是基于某些微生物的生长需要特定的物质而进行相应组分测定的方法。微生物分析法测定条件温和，方法选择性较高，已广泛应用于维生素、抗生素残留量和激素等成分的分析。

②酶分析法是利用酶的反应进行物质定性、定量的方法。酶是具有专一性催化功能的蛋白质，用酶法进行分析的主要优点在于高效和专一，克服了用化学分析法测定时，某些共存成分产生干扰以及类似结构的物质也可发生反应，从而使测定结果发生偏离的缺点。酶分析法测定条件温和，结果准确，已应用于食品中有机酸、糖类和维生素的测定。

3. 食品分析与检测的发展趋势

（1）基因芯片检测技术　早前Anthony等建立了一个在短时间内通过测定致病性微生物含量的方法来快速检测食品安全性能，其有效合格率达到80%。Carl等针对四种细菌（大肠埃希菌、痢疾志贺菌、伤寒沙门菌、空肠弯曲菌）的单一研究而推出了基因检测法，此法提高了检测的精度，而且节省检测时间，可操作性强。其主要方法是：从水以及食品中分离出相关的致病性微生物或者其他微生物，通过伤寒沙门菌、痢疾志贺菌和大肠埃希菌的标准菌株作对照，比较观察相关细菌的特征，从而得出相关微生物的致病因子。基因芯片检测技术与常规检测方法、聚合酶链式反应（PCR）检测方法相比较而言，其检测细菌的种类广泛，检测的合格率高达99%，检测时间大大缩短。一般而言，基因芯片检测技术检测时间为4h，传统的PCR技术需要8h。基因芯片检测技术的发展，改变了食品安全检测相关理念，尤其是对当前转基因食品进行的精确检测。利用分析当前通用的基因报告以及各种基因特异片段，将其制成芯片样品，然后与被检测的食品进行简单杂交，即可准确判定转基因食品的特征性能。

（2）免疫学技术　免疫学技术利用抗原和抗体直接的反应，加之免疫相关技术来检测细菌。免疫学技术的优点是可直接进行细菌的筛选，而不需要对细菌进行分离。在食品安全检测中，目前通常使用免疫磁珠分离法、免疫力检测试剂条、免疫乳胶试剂、免疫酶技术、免疫深沉法或免疫色谱法等。免疫法具备非常高的精确度，被检测食品通过增菌后，在短时间内便能检测到。免疫磁珠分离法能迅速采集以及浓缩大量食品中的微量细菌，并分析其危害性，可以有效预防副溶血性弧菌耐热性直接溶血素（TDH）所带来的食物中毒。免疫学技术为当前食品安全检测提供了广阔的前景。

（3）农药残留检测技术　目前绝大多数色谱农药残留的检测都是通过选择性的检测器，如电子捕获检测器（ECD）、氮磷检测器（NPD）、火焰光度检测器（FPD）、荧光检测器、质谱检测器（MSD）以及近几年发展起来的免疫分析检测方法。ECD主要用于检测有机氯、菊酯类等含卤素的农药，灵敏度非常高；NPD主要用于检测含氮、磷的有机磷、氨基甲酸酯类等农药；FPD主要检测有机磷类农药；荧光检测器主要用于氨基甲酸酯类农药的液相色谱仪的衍生化检测。MSD是验证分析最常用的技术，也可以用于定量分析，但价格昂贵、技术要求高。自从出现毛细管色谱柱后，二维色谱发展很快。使用两个不同仪器或使用一个具有双柱（不同极性）、双通道、双检测器的仪器，一次取样可同时获得两组信息。美国食品与药物管理局（FDA）、欧盟等都是先采用此法作定性检测的。美国已经报道利用快速扫描技术在大约1h定性、定量检测几百种不同类型的农药。色谱等仪器分析技术对于检测技术人员和仪器要求较高，但可以对农药残留进行定性、定量分析，可以检测几种甚至几百种已知和未知的农药，检测灵敏度高，可以提供科学、准确、公正的检测数据作为仲裁依据。作为一种实验室快速检测技术，可以与现场快速检测技术结合，发挥各自优势，增加监督管理的力度。

4. 食品质量标准

国内外食品质量标准按使用范围可分为国际标准和国内标准（国家、行业、地方、企业标准）。

（1）国际标准

①ISO标准：由国际标准化组织（ISO）制定的在国际通用的标准。每年10月14日为世界标准日。ISO成立于1947年2月23日，总部设在瑞士日内瓦，是世界上最大的标准化组织，目前已有100多个成员国，我国于1978年加入ISO。ISO的标准每隔5年重审一次。

检索ISO标准的主要工具有《国际标准题内关键词索引》（KWIC Index）和《国际标准目录》（设有委员会序号目录、主题索引目录、标准号目录、作废标准目录）。

②CAC标准：国际食品法典委员会（CAC）制定的食品安全标准。CAC标准主要包括食品/农产品的产品标准、卫生或技术规范、农药/兽药残留限量标准、污染物准则、食品添加剂的评价标准等。CAC系列标准已对食品生产加工者以及最终消费者的观念意识产生了巨大影响。食品生产者通过CAC国际标准来确保其在全球市场上的公平竞争地位；法规制定者和执行者将CAC标准作为决策参考，制定政策改善和确保国内及进口食品的安全、卫生；采用符合国际通用的CAC标准的食品和农产品能够增加消费者的信任，从而赢得更大的市场份额。CAC标准用于保护全球消费者的健康，促进国际农产品以及食品的公

平贸易，协调制定国际食品法典。CAC现有包括中国在内的180多个成员国，覆盖区域占全球人口的98%。食品法典体系让所有成员国都有机会参与国际食品/农产品标准的制定、修订和协调工作。进出口贸易额较大的发达国家和地区如美国、日本和欧盟积极主动地承担或参与了CAC各类标准的制修订工作。目前CAC标准已成为全球消费者、食品生产和加工者、各国食品管理机构和国际食品贸易重要的参照标准，也是世界贸易组织（WTO）认可的国际贸易仲裁依据。CAC标准现已成为进入国际市场的通行证。

③AOAC标准：美国分析化学家协会（AOAC）成立于1884年，为非营利性质的国际化行业协会。AOAC被公认为全球分析方法校核（有效性评价）的领导者，它提供支持实验室质量保证（QA）的产品和服务。AOAC在方法校核方面有长达100多年的经验，并为药品、食品行业提供了大量可靠、先进的分析方法，目前已被越来越多的国家所采用作为标准方法。在现有AOAC方法库中存有2800多种经过认证的分析方法，均被作为世界公认的官方“金标准”。在长期的实践过程中，AOAC于全球范围内同官方或非官方科学研究机构建立了广泛的合作和联系，在分析方法的认证和合作研究方面起到了总协调的作用。AOAC下属设立了11个方法委员会，分别从事食物、饮料、药品、农产品、环境、卫生、毒物残留等方面的方法学研究、考察和认证。AOAC的标准每隔5年重审一次，不断更新。

（2）国内标准　目前国内现行的标准包括：国家标准、行业标准、地方标准、企业标准以及团体标准。

①国家标准：国家标准（GB）由国务院标准化行政主管部门编制计划，组织草拟，统一审批、编号、发布。国家标准是对全国经济技术发展有重大意义，必须在全国范围内统一的技术要求。国家标准一经发布，与其重复的行业标准、地方标准相应废止，国家标准是四级标准体系中的主体。

国家标准又可分为强制性国家标准和推荐性国家标准。强制性国家标准由国务院有关行政主管部门负责项目提出、组织起草、征求意见和技术审查，国务院标准化行政主管部门负责立项审查、立项、编号和对外通报，最后由国务院批准发布或者授权批准发布。推荐性国家标准（GB/T）是指不强制厂商和用户采用，而是通过经济手段或市场调节促使他们自愿采用的国家标准或行业标准。推荐性国家标准由国务院标准化行政主管部门制定并发布。

②行业标准：对没有国家标准而又需要在全国某个行业范围内统一的技术要求，由国务院有关行政主管部门制定。在相应的国家标准实施之后，该项行业标准即行废止。

③地方标准：对没有国家标准和行业标准而又需要在省、自治区、直辖市范围内统一的工业产品的安全、卫生要求，可由省、自治区、直辖市标准局人

民政府标准化行政主管部门确定。当相应的国家标准或行业标准实施后自行废止。

④企业标准：企业标准是指企业所制定的产品标准和企业内需要协调、统一的技术要求和管理、工作要求所制定的标准。企业生产的产品没有国家标准、行业标准和地方标准的，应当制定相应的企业标准，作为组织生产的依据。对已有国家标准、行业标准或地方标准的，鼓励企业制定严于国家标准、行业标准或地方标准要求的企业标准，在企业内部适用。

⑤团体标准：团体是指具有法人资格，且具备相应专业技术能力、标准化工作能力和组织管理能力的学会、协会、商会、联合会和产业技术联盟等社会团体。团体标准是由团体按照团体确立的标准制定程序自主制定发布，由社会自愿采用的标准。团标目前发展迅速，截至2023年底，社会团体在全国团体标准信息平台上累计公布74240项团体标准。

二、食品分析的数据处理

1. 有效数字的修约与运算

在进行化学实验或分析化验时，分析结果是否准确可靠是至关重要的问题，不准确的分析结果或者错误的分析结果往往会造成严重后果，导致生产上的损失、资源的浪费、科学上的错误结论，给生产、科研和生活造成巨大的浪费。如农业土壤中养分的测定、酸碱性的测定、工业试样中组分含量的测定、日常生活中饮用水质的检测等都要求分析结果准确可靠，因此在实验测定或分析测定时一定要实事求是地记录原始数据。在测定工作结束后还要对测得的各项数据进行处理，如发现分析结论与实际情况不符，要以原始数据为依据仔细检查，找出错误的原因，绝不允许通过改动数据达到所谓的一致。因此在进行实验和分析检测时，在思想上，一定要高度重视实验或分析数据的记录与处理，切实做到数据的记录与处理科学、准确、无误，确保实验结果的准确性和可靠性。为此，必须注重对原始数据的记录，并学会正确处理原始数据，掌握误差与分析数据的有关知识，学会正确地运用有效数字，学习滴定分析中的基本计算，最后正确书写实验报告。

（1）有效数字的概念　在科学的实验中，为了得到准确的测量结果，不仅要准确地测定各种数据，还要正确地记录和计算，分析结果的数值不仅表示试样中被测成分含量的多少，还反映了测定的准确程度。所以记录实验数据和计算结果应保留几位数字是一件很重要的事，不能随便地增加或减少位数，例如：用称量法测定硅酸盐中的SiO_2时，若称取试样量为0.4538g，经过一系列处理后，灼烧得到SiO_2沉淀质量0.1374g，则其质量分数为：

$$SiO_2\%=0.1374/0.4538\times100\%=30.277655354\%$$

上述分析结果共有11位数字，从运算来讲，并无错误，但实际上用这么多位数的数字来表示上述分析结果是错误的，它没有反映客观事实，因为所用的分析方法和测量仪器不可能准确到这种程度，那么在分析实验中记录和计算时，究竟要准确到什么程度才符合客观事实呢？这就必须了解有效数字的意义。

有效数字是指在分析工作中实际能测量到的数字，记录数据和计算结果时应该保留几位数字，需根据测定方法和使用仪器的准确程度来决定。在记录数据和计算结果时，所保留的有效数字中，只有最后一位是可疑的数字，例如坩埚重18.5734g（6位有效数字），标准溶液体积24.41mL（4位有效数字）。

由于万分之一的分析天平能称准至±0.0001g，滴定管的读数能读准至±0.01mL，故上述坩埚质量应是（18.5734±0.0001）g，标准溶液的体积应是（24.41±0.01）mL，因此这些数值的最后一位都是可疑的，这一位数字称为不定数字。在分析工作中应当使测定的数值只有最后一位是可疑的。

有效数字的位数直接与测定的相对误差有关。例如称得某物质量为0.5180g，它表示该物实际质量是（0.5180±0.0001）g，其相对误差为：±（0.0001/0.5180）×1000‰=±0.2‰，如果少取一位有效数字，则表示该物实际质量是（0.518±0.001）g，其相对误差为：±（0.001/0.518）×1000‰=±2‰。

上述实例表明，后者测量的误差是前者的10倍，所以在测量准确度的范围内，有效数字位数越多，测量也越准确。但超过测量准确的范围，过多的位数是毫无意义的。

必须指明，如果数据中有“0”，应分析具体情况，然后才能肯定哪些数据中的“0”是有效数字，哪些数据中的“0”不是有效数字。例如：

1.0005g	5位有效数字
0.5000g；31.05%；6.023×10^2	4位有效数字
0.0540g；1.86×10^4	3位有效数字
0.0054g；0.40%	2位有效数字
0.5g，0.002%	1位有效数字

在1.0005g中的3个“0”，0.5000g中的后3个“0”，都是有效数字；在0.0054g中的“0”只起定位作用，不是有效数字；在0.0540g中，前面的“0”起定位作用，最后一位“0”是有效数字。同样，这些数值的最后一位数字，都是不定数字。

因此，在记录测量数据和计算结果时，应根据所用仪器的准确度，使所保留的有效数字中，只有最后一位数是不定数字。例如，用感量百分之一克的台秤称物体的质量，由于仪器本身能准确称到±0.01g，所以物体的质量如果是10.4g，就应写成10.40g而不能写成10.4g。

分析化学中还经常遇到pH、lg*K*等对数值，其有效数字的位数仅取决于小数部分数字的位数，因整数部分只说明该数的方次。例如pH=12.68，即[H^+]=2.1×10^{-13}mol/L，其有效数字为2位，而不是4位。

（2）有效数字的修约规则　在处理数据时，常遇到一些准确度不相同的数据，对于这些数据，必须按一定的规则进行计算，一方面可以节省时间，另一方面也可以避免因计算过繁而引起的错误。常用的基本规则如下。

①记录测定数值时，只保留一位可疑数字。

②当有效数字位数确定后，其余数字（尾数）应一律弃去。舍弃办法采用“四舍六入五成双”的规则，即当尾数≤4时舍去；尾数≥6时进位；当尾数恰为5时，如果5后还有数字，由于这些数字均系测定所得，故可以看作该数字总是比 5 大，进位。如果5后面的数字全部为“0”时，则看5前一位是奇数还是偶数，奇数就进位，偶数就舍去。

将下列测定值修约为两位有效数字时，其结果应为：

3.451→3.5

1.0501→1.1

0.215→0.22

0.425→0.42

需要指出的是，只能对原测定的数值一次修约到所需要的位数，不得逐级修约。例如将13.4565修约为2位有效数字时13.4565→13.456→13.46→13.5→14（错）；13.4565→13（对）。

（3）有效数字的运算规则

①加减法：当几个数据相加或相减时，它们的和或差的有效数字的保留，应以小数点后位数最少（即绝对误差最大）的数据为依据，先修约，后运算。

例如，0.0121、25.64及1.05782三数相加，3个数分别修约为0.01、25.64、1.06，3个数修约后之和为26.71。

②乘除法：当几个数据相乘除时，其积或商的有效数字的保留，应以其中有效数字位数最少（即相对误差最大）的数据为依据，先修约，后运算。

例如，求0.0121、25.64、1.05782三数相乘之积，它们的相对误差分别为：

$\pm(0.0001/0.0121)\times100\%=\pm0.8\%$

$\pm(0.01/25.64)\times100\%=\pm0.04\%$

$\pm(0.00001/1.05782)\times100\%=\pm0.0009\%$

3个数分别修约为0.0121、25.6、1.06，其乘积为0.328。

③若数据的第一位数字≥8，其有效数字的位数可多保留一位，例如9.37实际上虽只有3位，但它接近于10.00，故可认为它是4位有效数字。

④在对数运算中，所取对数位数应与真数有效数字位数相等。

⑤在计算过程中，为了提高计算结果的可靠性，可以暂时多保留一位有效数字，得到最后结果时，再根据数字修约的规则，弃去多余数字。

（4）有效数字的运算规则在分析化学中的应用

①正确地记录测量数据：如在万分之一分析天平上称得某物体重0.2500g，只能记录为0.2500g，不能记录为0.250g或0.25g，又如从滴定管上读取溶液的体积为24mL时，应该记为24.00mL，不能记24mL或24.0mL。

②正确地选用适当的仪器：若称取的样品重为2～3g时，就不需要用万分之一的分析天平，用千分之一的天平即可满足称量准确度的要求，$\pm(0.002/2.000)\times100\%=0.1\%$。

由此可知，没有万分之一的分析天平，同样可以做分析实验，解决的方法是将样品的质量称取在1g以上就行了。

③正确地表示分析结果：如分析煤中硫含量时，称样为3.5g，两次测得结果（*S*%）甲为0.042%和0.041%，乙为0.04201%和0.04199%，应采用甲的结果，为什么?

$\pm(0.001/0.042)\times100\%=\pm2\%$（甲的准确度）

$\pm(0.00001/0.04201)\times100\%=\pm0.02\%$（乙的准确度）

$\pm(0.1/3.5)\times100\%=\pm3\%$（称样的准确度）

甲的准确度与称样的准确度是一致的，而乙的准确度大大超过了称样的准确度，是没意义的，所以，应采用甲的结果。

通常填报分析结果的标准是：对于高含量组分（>10%）的测定，一般要求分析结果有4位有效数字；对于中含量组分（1%～10%）的测定，一般要求3位有效数字；对于微量组分（<1%），一般只要求2位有效数字。另外在多数情况下表示误差时，只需取1位有效数字，最多取2位有效数字。

2. 食品分析中的误差

在进行化学实验和定量分析中，由于受分析方法、测量仪器、所用试剂和分析工作者主观条件等方面的限制，使测得结果不可能和真实值完全一致，即使技术很熟练的分析工作者，用最完善的分析方法和最精密的仪器，对同一样品进行多次测定，其结果也不会完全一样。这说明客观上存在着难以避免的差错。因此，进行定量测定时不仅要关注被测组分的含量，而且必须对分析结果进行评价，判断分析结果的准确性和可靠程度，检查产生误差的原因，采取减小误差的有效措施，从而不断地提高分析结果的准确程度。

（1）误差及其产生的原因　分析结果与真实值之间的差值称为误差。分析结果大于真实值误差为正；分析结果小于真实值误差为负。根据误差的性质及产生的原因，可将误差分为系统误差、偶然误差和过失误差。

①系统误差：又称可测误差，它是由分析过程中某些经常出现的比较固定的原因所造成的。系统误差具有以下性质：多次测定中重复出现；具有单向性；在一定条件下数值基本衡定，重复测定时重复出现；增加测定次数，不能使系统误差减小，但它的大小、正负可以测定出来，因而是可以校正的。系统误差产生的原因包括方法误差、仪器误差、试剂误差及操作误差。系统误差可以用对照实验、空白实验、校准仪器等办法加以校正。

②偶然误差：又称不可测误差，产生的原因与系统误差不同，它是由一些偶然的因素（如测定时环境的温度、湿度和气压的微小波动、仪器性能的微小变化等）所引起的，其性质是有时大、有时小，有时正、有时负。偶然误差难以察觉也难以控制。但是消除系统误差后，在同样条件下进行多次测定则可发现偶然误差的分布也是服从一定规律的：大小相等的正负误差出现的概率相等；小误差出现的机会多，大误差出现的概率小，特别大的正负误差出现的概率非常小。因此偶然误差出现的概率与其大小相关。

由偶然误差的性质可知，随着测定次数的增加，偶然误差的算术平均值将逐渐接近于零，因此多次测定结果的平均值更接近真实值。实验表明，在测定次数较少时，偶然误差随测定次数的增加而迅速减小，当测定次数大于10次，误差已减小到不很显著的数值。所以在一般测定中，同时平行测定10个试样就已足够了。在平常实验时一般要求平行测定3~4次。

③过失误差：指工作人员分析中的差错，主要是由分析人员的粗心和疏忽而造成的，没有一定的规律可循，例如，在测定时砝码的数值读错了，滴定时刻度读错了，甚至记录错了或计算错了，这些错误有时无法找到原因。这一类误差在工作上应该属于责任事故，是绝对不容许存在的。通常，只要我们增加工作的责任心，认真细致地做好原始记录，严格按照操作规程操作，反复核对，过失误差是完全可以避免的。

在分析工作中，当出现较大的误差时，应查明原因，如由过失所引起的，则应将该次测定结果弃去不用，不可将它和其他数据加在一起求平均值。然而，对于仅属于怀疑的数据，就不能任意地作为错误数据来处理。特别需要指出的是，由于操作者的过失，如器皿不洁净、溅出试液、读数或记录差错等而造成的错误结果是不能通过上述方法减免的，因此必须严格遵守操作规程，认真仔细地进行实验。

（2）准确度和精密度

①准确度与误差：误差越小，表示分析结果的准确度越高，反之误差越大，准确度就越低，所以误差的大小是衡量准确度高低的尺度，误差又分为绝

对误差和相对误差，其表示方法如下：

绝对误差=测得值-真实值

相对误差%=（测得值-真实值）/真实值×100%

相对误差表示误差在真实值中所占的百分比例，故分析结果的准确度常用相对误差来表示，例如用分析天平称量两物体的质量分别为2.1750g和0.2175g，假定二者的真实质量分别为2.1751g和0.2176g，则二者称量的绝对误差均为-0.0001g和-0.0001g，但是两者称量的相对误差分别为-0.005%和-0.05%。由此可知，两物体称量的绝对误差相等，但它们的相对误差并不相同，第一个称量结果的相对误差是第二个称量结果的1/10。也就是说，当测定量较大时，相对误差就比较小，测定的准确程度也就比较高，因此，用相对误差来比较各种情况下测定结果的准确度更为确切些。

绝对误差和相对误差都有正值和负值，分别表示分析结果偏高或偏低。

②精密度与偏差：在实际中，真实值常常是不知道的，因此无法求出分析结果的准确度，所以不得不以另外一种方式来判断分析结果的好坏。这种方法是在相对的条件下重复测定多次，然后计算n次测定结果的符合程度，即所谓的精密度。各次测定值与平均值之差称为偏差。偏差大小可表示分析结果的精密度。精密度大小取决于偶然误差的大小，通常以测定结果的相对平均偏差来衡量。相对平均偏差越小，说明分析结果的精密度越高。

对同一种待分析的试样，在相同的条件下，重复测n次，若其测得的结果分别为x_1，x_2，x_3，…，x_n，则它们的算术平均值（$\bar{x}$）、算术平均偏差（$\bar{d}$）和相对平均偏差分别可由以下各式求得：

$$\bar{x} = \frac{x_1 + x_2 + x_3 + \cdots + x_n}{n} = \frac{\sum_{i=1}^{n} x_i}{n}$$

$$\bar{d} = \frac{|d_1| + |d_2| + |d_3| + \cdots + |d_n|}{n} = \frac{\sum_{i=1}^{n} |d_i|}{n}$$

式中　d_1，d_2，d_3，…，d_n——个别测定值x_1，x_2，x_3，…，x_n与平均值$\bar{x}$之差。

$$相对平均偏差=\frac{\bar{d}}{\bar{x}} \times 100\%$$

值得注意的是，平均偏差不计正负号，而个别测定值的偏差要计正负号。

例如用重量法测定硅酸盐中SiO_2的百分含量，得到下列数据：37.40%、37.20%、37.30%、37.50%、37.30%，试计算其算术平均偏差和相对平均偏差。

解：算术平均偏差（$\bar{d}$）=0.44/5=0.088

相对平均偏差=$\bar{d}/\bar{x}$×100%=0.088/37.34×100%=0.24%

③准确度和精密度关系：系统误差是定量分析中误差的主要来源，它影响

分析结果的准确度，偶然误差影响分析结果的精密度。准确度高一定需要精密度好，精密度是保证准确度高的先决条件，但精密度好不一定准确度高（只有在消除了系统误差之后，精密度好，准确度才高），高的精密度不一定能保证高的准确度，但可以找出精密而不准确的原因，而后加以校正，就可以使测定结果既精密又准确。若精密度很差，说明所测结果不可靠，虽然由于测定的次数增多可使正负偏差相互抵消，但已失去衡量准确度的前提，因此在评价分析结果的时候还必须将系统误差和偶然误差的影响结合起来考虑，以提高分析结果的准确度。

3. 食品分析中的计算

滴定分析计算的依据是等物质的量反应规则，即在滴定反应中，标准溶液（A）和被测物质（B）反应完全时，消耗的两物质的量相等$n_A=n_B$。

应用等物质的量反应规则进行滴定分析计算，关键在于选择基本单元。滴定分析中，被测组分与标准溶液之间是严格按照化学计量关系进行反应的，如果标准溶液的基本单元确定了，那么被测组分的基本单元就不再是任意的，它由标准溶液的基本单元来确定。例如用基准无水碳酸钠标定HCl溶液的浓度时，其反应为$2HCl+Na_2CO_3 = 2NaCl+CO_2\uparrow+H_2O$，HCl标准溶液的基本单元为1HCl，$Na_2CO_3$的基本单元为$\frac{1}{2}Na_2CO_3$。

（1）溶液的稀释　依据稀释定律即稀释前后溶液中所含溶质的物质的量不变，即：

$$c_{前}V_{前}=c_{后}V_{后}$$

例0-1　欲配制浓度为0.1mol/L的稀盐酸160mL，需要量取物质的量浓度为12mol/L的浓盐酸多少毫升?

解：根据$c_{前}V_{前}=c_{后}V_{后}$

$$12\text{mol/L}\times V_{HCl}=0.1\text{mol/L}\times 160\text{mL}$$

$$V_{HCl}=1.3\text{mL}$$

答：需要量取12mol/L的浓盐酸1.3mL。

（2）标准溶液与被滴定物质之间的计算　可依据下式：

$$\frac{m}{M}=cV$$

式中　c——标准溶液的物质的量浓度，mol/L；

m——被测组分质量，g；

V——标准溶液的体积，L；

M——被测组分摩尔质量，g/mol。

例0-2　用基准无水碳酸钠标定HCl溶液的浓度，称取0.2023g Na_2CO_3，滴定至终点时消耗HCl溶液37.70mL，计算HCl溶液的浓度。

解：已知M（Na_2CO_3）=106g/mol

$$2HCl+Na_2CO_3 = 2NaCl+CO_2\uparrow+H_2O$$

Na_2CO_3的基本单元为$\frac{1}{2}Na_2CO_3$

$$M\left(\frac{1}{2}Na_2CO_3\right)=53g/mol$$

$$c(HCl)=\frac{m(Na_2CO_3)}{M\left(\frac{1}{2}Na_2CO_3\right)V(HCl)}=\frac{0.2023}{53.00\times0.03770}=0.1012\ (mol/L)$$

答：此HCl溶液的浓度为0.1012mol/L。

（3）待测组分质量分数的计算　可依据下式：

$$w_B=\frac{cVM}{m}\times100$$

式中　w_B——待测组分质量分数，%；

m——样品的质量，g；

c——标准溶液的物质的量浓度，mol/L；

V——标准溶液的体积，L；

M——待测组分摩尔质量，g/mol。

例0-3　向盛有200mL蒸馏水的烧杯中加入1.4989g硫酸试样，于250mL容量瓶中定容至刻度，摇匀。移取25.00mL，用0.1039mol/L的氢氧化钠标准滴定溶液滴定，消耗26.12mL达计量点，求试样中硫酸的质量分数。

解：已知M（H_2SO_4）=98.07g/mol

$$2NaOH+H_2SO_4 = Na_2SO_4+2H_2O$$

$$M\left(\frac{1}{2}H_2SO_4\right)=49.04g/mol$$

$$w(H_2SO_4)=\frac{c(NaOH)V(NaOH)M\left(\frac{1}{2}H_2SO_4\right)}{m(H_2SO_4)}\times100$$

$$=\frac{0.1039\times0.02612\times49.04}{1.4989\times\frac{25}{250}}\times100\%=88.79\%$$

答：试样中硫酸的质量分数为88.79%。

（4）滴定度的计算　可依据下式：

$$T_{B/A}=c_AM_B\times10^{-3}$$

式中　$T_{B/A}$——滴定度，g/mL；

c_A——标准溶液的物质的量浓度，mol/L；

M_B——被测组分的摩尔质量，g/mol。

例0-4　HCl标准溶液的浓度为0.09908mol/L，HCl标准溶液对NaOH的滴定度$T_{NaOH/HCl}$为多少？

解：已知M（NaOH）=40.00g/mol

$$HCl+NaOH = NaCl+H_2O$$

$$T_{NaOH/HCl}=c_{HCl}M_{NaOH}\times 10^{-3}=0.09908mol/L\times 40.00g/mol\times 10^{-3}=0.003963g/mL$$

答：HCl标准溶液对NaOH的滴定度为0.003963g/mL。

思考练习

1. 食品检验人员应具备哪些基本工作要求？
2. 食品分析与检验包括哪些内容？
3. 什么是定容？怎样进行操作？
4. 常见的食品质量标准有哪些？
5. 如何进行原始数据的记录和处理？
6. 什么是对照实验和空白试验？二者在分析实验中有何意义？
7. 什么是系统误差和偶然误差？误差的来源有哪些？怎样避免？
8. 什么是准确度和精密度？二者有何关系？
9. 指出下列数值各有几位有效数字。

（1）1.053　（2）0.034　（3）40.02　（4）98.00　（5）9.2　（6）0.40%

10. 按规则准确运算。

（1）0.0325×5.103×60.06×1.382

（2）1.060+0.05974−0.0014

（3）0.414/（31.3×0.05304）

11. 称取分析纯Na_2CO_3 1.3350g，配制成250.0mL的溶液，求该标准溶液的浓度。
12. 称取基准物质Na_2CO_3 0.1510g，标定HCl溶液的浓度，消耗HCl溶液的体积为24.60mL，计算HCl溶液的浓度。
13. 铁矿试样0.5000g，溶解后用$T_{Fe/K_2Cr_2O_7}$=0.003351g/mL的$K_2Cr_2O_7$溶液滴定Fe^{2+}，消耗25.50mL，求试样中Fe的质量分数。
14. 准确量取30.00mL HCl溶液，用0.09026mol/L NaOH溶液滴定，到达化学计量点时消耗NaOH溶液的体积为31.93mL，计算HCl溶液的物质的量浓度。
15. 标定时要求用0.10mol/L NaOH溶液30mL，问应称取基准试剂邻苯二甲酸氢钾多少克？如果改用草酸（$H_2C_2O_4\cdot 2H_2O$）作基准物质，又应称取多少克？
16. 计算0.1135mol/L HCl溶液对CaO的滴定度。

17. 配制0.02000mol/L $K_2Cr_2O_7$标准溶液250.0mL，需称取$K_2Cr_2O_7$多少克？

18. 已知$K_2Cr_2O_7$标准溶液对铁的滴定度为0.008378g/mL。如果称取0.5000g试样，用该标准溶液在酸性介质中滴定消耗23.24mL，则该试样中铁的质量分数是多少？

19. $Na_2B_4O_7 \cdot 10H_2O$作为基准物用于标定盐酸，如果将其置于干燥器中保存，对所标定的盐酸浓度有何影响？

20. 将7.3550g的$K_2Cr_2O_7$溶于水后，正确稀释至1L，则在酸性溶液中该标准溶液对铁的滴定度为多少？

项目一　酒类检测

任务一　酒的感官检验

一、啤酒的感官检验

1. 任务目标

（1）了解啤酒感官检验的内容。

（2）熟悉啤酒的感官品评用语。

（3）比较不同品牌淡色啤酒感官质量的差异。

（4）深入了解啤酒中各种成分的作用，提升对啤酒品质的鉴赏力。

2. 工作原理

自古以来，感官检验是酿酒工作者通常采用的一种品评方法。啤酒感官质量判别的内容包括看色泽、观透明度和泡沫、嗅香气及尝口味。

（1）看色泽　将啤酒倒入洁净干燥的大口无色透明玻璃杯中。浅色黄啤酒应呈微带绿色的金黄色，不可色暗；黄啤酒应呈淡黄色或淡黄带绿色，色淡者为优，不可带有暗褐色；黑啤酒应呈黑红色或黑棕色，不可呈黑褐色、浅红或棕色。

（2）观透明度和泡沫

①透明度：酒液清亮透明，有光泽，无小颗粒和悬浮物，不应有任何浑浊或沉淀现象发生。

良质啤酒：以淡色啤酒为例，酒液浅黄色或微带绿色，不呈暗色，有醒目光泽，清亮透明，无小颗粒、悬浮物和沉淀。

次质啤酒：色淡黄或稍深些，透明，有光泽，有少许悬浮物或沉淀。

劣质啤酒：色泽暗而无光或失光，有明显悬浮物或沉淀，有可见小颗粒，严重者酒体浑浊。

②泡沫：泡沫是啤酒的重要特征之一，啤酒也是唯一以泡沫体作为主要质量指标的酒精类饮料。

良质啤酒：注入杯中立即有泡沫窜起，升起的泡沫高度不应低于3cm，起泡力强，泡沫厚实且盖满酒面，沫体洁白细腻，沫高占杯子的1/2～2/3，同时见到细小如珠的气泡自杯底连续上升，经久不失，泡沫挂杯持久，在4min以上。

次质啤酒：倒入杯中的泡沫升起的高度较低，色较洁白，挂杯时间持续2min以上。

劣质啤酒：倒入杯中，稍有泡沫且消散很快，起泡者泡沫粗黄，不挂杯，似一杯冷茶水状。有的甚至无泡沫、喷泡。

（3）嗅香气　人的嗅觉器官是鼻腔。嗅觉是有气味物质的气体分子或溶液在口腔内受体温热蒸发后，随着空气进入鼻腔的嗅觉部位而产生的。鼻腔的嗅觉部位在鼻黏膜深处的最上部，称为嗅黏膜或嗅斑，大小为2.7～5cm^2。嗅黏膜上的嗅细胞呈近圆梭形或梨形，一端在嗅黏膜表面，附有黏膜的分泌液；另一端为嗅球，与神经细胞相联系。当有气味的分子接触到嗅黏膜后，被溶解于嗅腺分泌液中，借化学作用而刺激嗅细胞，嗅细胞因刺激而发生神经兴奋，通过传导至大脑嗅觉中枢形成嗅觉。酒类含有芳香气味成分，其气味成分是酿造过程中由微生物发酵产生的代谢产物，如各种酶类等。酒进入口腔中时的气味所挥发的分子进入鼻咽后，与呼出的气体一起通过两个鼻孔进入鼻腔，这时呼气也能感到酒的气味。而且酒经过咽喉时，下咽至食管后，便发生有力的呼气动作，带有酒气味分子的空气便由鼻咽急速向鼻腔推进，此时人对酒的气味感觉会特别明显，这是气味与口味的复合作用。酒的气味不但可以通过咽喉到鼻腔，而且咽下以后还会再返回来称为回味。回味有长短，并可分辨出是否纯净，有无邪、杂气味及刺激性。酒的香气与味道是密切相关的，人们对滋味的感觉，有相当部分要依赖于嗅觉。人的嗅觉是极容易疲劳的，对酒的气味嗅的时间过长，就会迟钝不灵，即有时限的嗅觉缺损。所以人们嗅闻酒的香气时不宜过长，要有间歇以保持嗅觉的灵敏度。

①优质啤酒：应具有显著的麦芽清香和酒花特有的香气。

②次质啤酒：麦芽清香和酒花香气不明显。

③劣质啤酒：无麦芽和酒花香气，甚至会有生酒气味、老化气味以及其他不正常的异香气。

（4）尝口味　人的味觉器官是口腔中的舌头。舌头之所以能产生各种味觉，是由于舌面上的黏膜分布着众多不同形状的味觉乳头，由舌尖和舌缘的菌状乳头、舌边缘的叶状乳头、舌面后的轮廓乳头所组成。在味觉乳头的四周有味蕾，味蕾是味的感受器，也是在黏膜上皮层下的神经组织。味蕾的外形很像一个小蒜头，里面由味觉细胞和支持细胞组成。味觉细胞是与神经纤维相连的，味觉神经纤维联成小束，通入大脑味觉中枢。当有味的物质溶液由味孔进入味蕾，刺激味觉细胞使神经兴奋，传到大脑，经过味觉中枢的分析，各种味觉就产生了。由于舌头上味觉乳头的分布不同，味觉乳头的形状不同，各部位的感受性也不相同。在舌头的中央和背面，没有味觉乳头，就不受有味物质的刺激，没有辨别滋味的能力，但对压力、冷、热、光滑、粗糙、发涩等有感觉。舌前2/3的味蕾与面神经相通，舌后1/3的味蕾与舌咽神经相通，软腭、咽部的味蕾与迷走神经相通。味蕾接受的刺激有酸、甜、苦、咸四种，除此之外的味觉都是复合味觉。舌尖的味觉对甜味最为敏感，舌根的反面专司苦味，舌的中央和边缘对酸味和咸味敏感。涩味主要由口腔黏膜感受。辣味则是舌面及口腔黏膜受到刺激所产生的痛觉。

尝口味即喝一口啤酒含在嘴里，用味觉、嗅觉检验其质量优劣。啤酒应具有来自酒液中的二氧化碳气味及来自酒花的爽口苦味和独特风味。饱和充足的二氧化碳能赋予啤酒一定的杀口力，给人以合适的刺激感。啤酒的饮用温度很重要，在适宜的温度下，酒液中很多有益成分的作用就能协调互补，给人一种舒适愉快的感觉。啤酒的最佳饮用温度在8～10℃。一般日常生活中常见的淡色啤酒应具有较显著的酒花香和麦芽清香以及细微的酒花苦味，入口苦味爽快而不长久，酒体爽而不淡，柔和适口。

①良质啤酒：喝到嘴里后具有非常爽口的感觉，没有异味、涩味等。如黄啤酒清苦、爽口、细腻；红啤酒初味苦而回味甜；黑啤酒味道香浓、质厚实。口味纯正，酒香明显，无任何异杂滋味。酒质清冽，酒体协调柔和，杀口力强，苦味细腻、微弱、清爽而愉快，无后苦，有再饮欲。

②次质啤酒：口味纯正，无明显的异味，但香味平淡、微弱，酒体尚属协调，具有一定杀口力。

③劣质啤酒：味不正，淡而无味，或有明显的异杂味、怪味，如酸味、馊味、铁腥味、苦涩味、老熟味等，也有的甜味过于浓重，更有甚者苦涩得难以入口。

3. 实验原料

从市场上购买几种不同价格、不同品牌的淡色啤酒。

4. 操作步骤

（1）看色泽　观察酒的色泽，有无失光、浑浊、悬浮物和沉淀等。

（2）嗅香气　酒杯放在鼻孔下方约7cm处，轻嗅气味，共分两次进行。

（3）尝口味　喝一小口在口腔中做舌面运动，然后吐出，尝尝是否纯正、爽口、杀口、醇厚。

（4）品风格　是感官对酒的色泽、香气、口味、透明度、泡沫及风格的综合评价，是感觉器官的综合感受。

5. 啤酒“净含量”“标签”

（1）啤酒净含量　由中文、数字和法定单位组成。

（2）标签　包括啤酒产品名称、配料表、净含量、制造者名称及地址、日期标志和贮藏指南、质量（品质）等级、产品标准号、特殊标注内容、生产批号、食用方法、保质期、热量和营养素等内容。

二、白酒的感官检验

1. 任务目标

（1）依照GB/T 33404—2016《白酒感官品评导则》，进行白酒感官检验。

（2）依照GB/T 33405—2016《白酒感官品评术语》，练习使用白酒感官品评术语。

（3）掌握白酒感官常用的品评方法。

（4）深入了解白酒的历史、酿造工艺、地域特色及文化背景，增强对酒文化的理解和鉴赏酒的能力，为未来的酒类生产、品质控制和酒文化推广奠定基础。

2. 工作原理

白酒感官品评是一门涉及心理学、生理学、统计学等学科的综合科学，有着其他检测方法无法比拟的特点，为白酒新产品的研发、质量评价、市场预测、产品评优等提供科学依据。通过白酒感官品评的学习，掌握白酒感官品评的基本知识、常用的品评方法及感官品评术语。通过感官检验，训练感觉记忆能力、感觉描述能力、样品区别能力、综合品评判别能力，掌握感官品评的统计与报告技能，明确感官品评在白酒质量控制中的重要性，同时培养分析问题、解决问题、从事科研及生产的综合能力。

白酒感官检验的内容包括色泽、香气、口味和风格4个方面。

（1）色泽　包括色泽、透明度、有无悬浮物及沉淀物等外观状况。

（2）香气　通过人的嗅觉器官来检验的，它的感官质量标准是香气协调有愉快感，主体香突出而无其他杂味。同时应考虑其溢香、喷香、留香。

（3）口味　酒类含有很多呈味成分，主要有高级醇、有机酸、羰基化合物等。这是与酿造原料、工艺方法、贮存方法等分不开的。人们对酒的呈味成分，是通过刺激舌头上的味蕾，产生苦味、涩味、糠味等感觉，从而鉴定出白酒酒质优劣，滋味好坏。

（4）风格　指酒色、香、味的综合表现。它是由原料、工艺相结合而创造出来的，即使原料、工艺大致相同，通过精心勾兑，也可创出自己的风格。

3. 实验原料

从市场上购买几种不同价格、不同品牌的白酒。

4. 操作步骤

（1）眼观色　白酒的色泽是通过人的眼睛判定的。先把酒样放在评酒桌的白纸上，用眼睛正视和俯视，观察酒样有无色泽和色泽深浅，同时做好记录。在观察透明度、有无悬浮物、沉淀和夹杂物时，要把酒杯拿起来，轻轻摇动，使酒液流动后进行观察。根据观察结果，对照标准，对酒样做出色泽的鉴评结论。

（2）鼻闻香　白酒的香气是通过人的鼻子判定的。当被评酒样上齐后，首先注意酒杯中的酒量，把酒杯中多余的酒样倒掉，使同一轮酒样中酒量基本相同之后才开始嗅闻其香气。将酒杯置于鼻下，头略低，注意不要沾着酒液，嗅闻酒的气味，辨别酒的香气和异香，记下酒的香气特征。嗅闻时按1、2、3、4、5顺次进行，稍停一段时间，再按反顺次进行第二次嗅闻，做好记录。反复嗅闻后，综合几次嗅闻的情况，排出质量顺位。再嗅闻时，对香气突出的排列在前，香气小的、气味不正的排列在后。初步排出顺位后，嗅闻的重点是对香气相近的酒样进行对比，最后确定香气质量优劣的顺位。嗅闻时要注意以下几点：①鼻子和酒杯的距离要一致，一般在1~3cm；②只能对酒吸气，不要对酒呼气；③吸气量要一致，不要忽大忽小，吸气不要过猛，要平稳；④可轻晃酒液使香气溢出，以增强嗅感；⑤闻香时不能尝酒，只能是一个轮次闻完后再尝。

当不同香型的酒混在一起品评时，先分出各编号酒属于何种香型，而后按香型的顺序依次进行嗅闻。对不能确定的香型酒样，最后综合判定。在实际嗅闻过程中，有的酒质接近，有的香气不十分突出。为了辨别酒质差异和特点，确保嗅闻结果的准确，可采用下述方法以增强嗅感：①用洁净纸条浸入酒中，使酒液吸在纸上，取出纸条放置8~10min后再嗅闻。此法可以帮助判断酒样放香浓淡和时间长短，还可帮助判别有无邪杂气味及大小；②将酒样滴几滴在手心，然后握拳，从大拇指和食指缝隙嗅闻。此法可增加酒香气挥发，利于辨别特殊香气；③将酒液滴几滴在手心，然后搓动双手，使酒中香气迅速挥发，以嗅闻香气。此法由于搓动双手时产生热量较高，香气挥发较多，使香气较浓，嗅感增强，故判别较细。但使用过多，易使嗅觉疲劳，不宜长时间采用。此外，如连续使用，在嗅闻第二种酒样时，必须洗手，以免相互影响；④把酒倒掉，放置10~15min后嗅闻空杯，这是确定酱香型白酒空杯留香的唯一方法。

（3）口尝味　白酒的口味是通过人的味觉器官来判定的，将盛酒样的酒杯端起，饮少量酒样于口腔内，品尝其味。品尝要按闻香的顺序进行，先从闻香淡的酒开始尝起，由淡而浓，再由浓而淡，反复几次，逐个进行品评。把异杂味大的异香和暴香的酒样放到最后尝评，以防味觉刺激过大而影响品评结果。

酒液入口后，使酒液接触舌尖、舌边，并平铺于舌面和舌根部，全面接触味蕾，然后再用舌鼓动口中酒液，使之充分接触上腭、喉膜、颊膜进行全面辨味。仔细品评酒质的醇厚、丰满、细腻、柔和、协调及刺激性等情况，2~3s后，可将酒液咽下或吐出，然后使酒气随呼吸从鼻孔排出，检查酒气是否刺鼻及香气的浓淡，判断酒的后味与回味。并用舌头进一步品尝辨别各种滋味，边尝边做记录。涩味可用移动舌面，与口腔上下摩擦的方法来体会。在尝味时要注意以下几点：①每次入口量要保持一致，一般以0.5~2mL为宜，而品评低度酒时，为增强味感，可略多一点；②酒液在口腔内的停留时间以3~5s为宜，时间过长会造成味觉疲劳，影响品评效果；③品尝次数不宜过多，一般不超过3次，每次品尝后可用淡茶水或清水漱口，防止味觉疲劳；④尝味时只需去尝，不必再闻香，以免相互干扰，切忌边闻边尝，影响品评效果；⑤在品评过程中，评酒员应思想高度集中，专心品评，细心推敲，认真记录。

在尝味时按酒样多少，一般又可分为初评、中评、总评三个阶段。初评：一轮酒样闻香后从嗅闻香气小的开始，入口酒样以布满舌面，并能下咽少量为宜，仔细辨别酒的各种滋味，酒下咽后，可同时吸入少量空气，并立即闭口用鼻腔向外呼气，辨别酒的后味和回味。做好记录，排出初评的口味顺位。中评：重点对初评口味近似的酒样进行认真品尝比较，确定中间酒样口味的顺位。总评：在中评的基础上，可加大入口量，一方面确定酒的余味，另一方面可对异香、暴香、邪杂味大的酒进行品尝，以便从总评中排列出本轮次酒的顺位。

待本轮次的酒样全部品尝完后，可稍事休息一下，再进行复检。品尝的重点应放在第一感觉上，有不少人往往第一次评对了，后来反而改错了。同种香型不同等级的酒，其口味优劣主要表现为是否绵甜、醇厚、丰满、细腻、协调、爽净和回味等，任何香型的白酒，口味纯正、余味爽净均为基本要求，优质酒不得有明显的暴辣、后苦、酸涩和邪杂味等。

（4）品风格　酒体风格是酒的色、香、味全面品质的综合反映，即风味特征的典型性，是酒既抽象又具体的总体特征的体现。不同香型白酒或某一类白酒产品均有其独特风格，且长期稳定不变。名酒之所以名贵，是名在质量，贵在风格。酒的风格对该酒在消费者中的声誉有很大的影响，因此对每个酒样的风格，应有一个明确的结论。根据色、香、味的鉴评情况，以简练的语言，形象化地说明酒的色、香、味特点，综合判定白酒的典型风格。

5. 白酒“净含量”“标签”

净含量依照JJF 1070—2023《定量包装商品净含量计量检验规则》。标签依照GB 7718—2011《食品安全国家标准　预包装食品标签通则》规定。

三、葡萄酒的感官检验

1. 任务目标

（1）了解葡萄酒感官检验的内容。

（2）熟悉葡萄酒的感官品评用语。

（3）了解葡萄酒中各种成分的作用，提升对葡萄酒品质的鉴赏和品评能力。

2. 工作原理

感官品评是目前国内外鉴定葡萄酒品质的主要手段。在分辨各种酒的品质和典型性等之间细致的差别时，首先要用感官检验来鉴别。对酒类品质优、次、劣的确定，仅根据理化分析结果制定的指标是不够的。因为至今为止，尚未出现能够全面准确地判断香味的仪器，理化检验还不能代替感官品评。GB/T 15037—2006《葡萄酒》对感官指标有明确的规定，通过酒的外观、香气、滋味和典型性可以观察和判断酒的品质。

葡萄酒感官检验的内容包括看色泽、嗅香气、尝滋味及品风格。

（1）看色泽　葡萄酒应具有天然的色泽，即原料葡萄的色泽，如白葡萄酒应近似无色、微黄微绿、浅黄、禾秆黄、金黄色；红葡萄酒应为紫红、深红、宝石红、红微带棕色、棕红色；桃红葡萄酒应为桃红、淡玫瑰红、浅红色。葡萄酒本身应清亮透明、无浑浊及无不明悬浮物。酒质变坏时颜色有浑浊感。

红葡萄酒是用皮红肉白或皮肉皆红色或紫色的葡萄，带皮采用皮汁混合发酵或采用旋转法发酵酿制再分离掉皮渣得到红葡萄的原酒。果皮中的色素和单宁在发酵过程中溶于酒中，因此酒色呈自然的深宝石红、宝石红、石榴红等颜色，酒液澄清透明，含糖量较多，酸度适中，口味甘美，微温，香气芬芳。目前举世公认的做红葡萄酒的最好品种是赤霞珠、蛇龙珠、品丽珠，这三种葡萄色泽稳定，耐贮藏，越陈酿，色香味越好，如经过橡木桶数年陈酿，其口味会变得细腻、雅致而浓郁。

白葡萄酒是以白葡萄为原料酿造而成，其最大特点是必须在酿造前，先将葡萄皮和葡萄汁分开，葡萄皮废弃不用，葡萄汁单独进行发酵，其优点是果香较浓，口味细腻，但缺点是将葡萄中的主要养分，尤其是对人体健康有很大作用的单宁和多酚等丢掉了。

（2）嗅香气　葡萄酒除应有葡萄的天然果香外，还应有浓厚的酯香，不应有外来的气味，更不能有异味。温度影响葡萄酒香气。酒必须在最能让它的品质得以体现的温度中被饮用。过低的温度会抑制香味的散发，过高的温度则会使酒失去新鲜感。通常在酒温相对恒定的状态下品尝。红酒的温度若能控制得适当，则风味更佳。要降低酒的温度，可以将酒放在有冰块的冷却桶中存放。

（3）尝滋味　酒质的好坏，味最重要。在评酒记分时，味一般占总分的50%。滋味与香气密切相关，香气优良的葡萄酒滋味醇厚柔润。葡萄酒的滋味主要有酸、甜、涩、浓淡及后味等。人们在品尝葡萄酒前通常会先将酒打开放着，已开瓶近1h的葡萄酒，在饮用时酒的特色和品质才可显现出来。饮第一口酒，酒液经过喉头时，正常的葡萄酒是平顺的，令人神清气爽，无刺激感。

（4）品风格　品评是一门科学，也是古人留传下来的传统技艺。典型性也称为风格，各种葡萄酒有各自不同的风格。同时因各地区、各厂家的葡萄栽培和酿造工艺不同，同一品种的酒，其风格特点也可能各不相同。每种葡萄酒均应有自己的典型性，典型性越强越好。运用感觉器官（视、嗅、味、触）来评定酒的质量，区分优劣，划分等级，判断酒的风格特征。

3. 实验原料

从市场上购买几种不同价格、不同品牌的葡萄酒。

4. 操作步骤

（1）看色泽　天然的色泽，清亮，透明、无浑浊。

（2）嗅香气　葡萄的天然果香，浓厚的酯香，无异味。

（3）尝滋味　醇厚柔润，主要有酸、甜、涩、浓淡及后味等。

（4）品风格　对酒的色、香、味的综合评价，是感觉器官的综合感受。

5. 葡萄酒“净含量”“标签”

葡萄酒瓶上通常可以看到的标签有两种，一种是正标即原产国酒厂的酒标签，另一种是背标即进口商或者是原产国酒厂按进口商及政府的规定附上的中文酒标签。葡萄酒标签常见的内容有以下几项。

（1）葡萄品种　通常的酒标签上标示品种名称，并不是所有葡萄酒瓶上都会标示葡萄种类。澳大利亚、美国等生产国规定一瓶酒中含某种葡萄75%以上才能在瓶上标示该品种名称。传统的欧洲葡萄产区则各有不同的规定，如德国、法国标签上如果出现某种葡萄品种名称时，表示该酒至少有85%是使用该种葡萄所酿制的。

（2）葡萄酒名称　通常是酒庄的名称，也有可能是庄园主特定的名称，甚至可能是产区名称。

（3）收成年份　酒瓶上标示的年份为葡萄的收成年份。欧洲传统各产区，特别是在北方的葡萄种植区由于气候不如澳大利亚、美国等新世界产区稳定，所以品质随年份的不同有很大的差异。在购买葡萄酒时，年份也是一项重要参考因素，由此可知该酒的酒龄。如未标示年份则表示该酒由不同年份的葡萄混成，除了少数（如起泡酒、加度酒等）外，都是品质不算好的葡萄酒。

（4）等级　葡萄酒生产国通常都有严格的品质管制，各国的酒等级划分方法不同，通常传统的欧洲葡萄酒产品，由酒标可看出它的等级高低。

（5）产区　就传统葡萄酒生产地来说，酒标上的产区名称是一项重要信息。知道是某产区的酒，也就大致知道该酒的特色及口味。某些葡萄酒产地的名称几乎等于该瓶酒的名气。

（6）装瓶者　装瓶者不一定和酿酒者相同。酿酒厂自行装瓶的葡萄酒会标示“原酒庄装瓶”。一般来说会比酒商装瓶的酒来得珍贵。

（7）酒厂名称　著名的酿酒厂常是品质的保证。以勃艮第为例，同一座葡萄园可能为多位生产者或酒商所拥有，因此选购时若只看产区，有时很难分辨出好坏，此时酒厂的声誉就是一项重要参考指标。

（8）产酒国名　该瓶葡萄酒的生产国。

（9）净含量　葡萄酒的一般容量为750mL，也有专为酒量较小的人所设计的375mL、250mL和185mL容量的葡萄酒和为多人饮用和宴会设计的1500mL、3000mL和6000mL容量的产品。

（10）酒精度　通常以（°）或%表示酒精度。葡萄酒的酒精度通常为8%～15%，但是波特酒、雪莉酒等加度酒的酒精度比较高，为18%～23%。

我国国产葡萄酒的标签主要包括葡萄品种、产地、年份、酒精度、净含量、生产商信息、保质期和条形码等内容。

任务二　啤酒中总酸的测定

一、任务目标

（1）能够根据酸碱指示剂滴定法准确测定啤酒中的总酸。

（2）掌握氢氧化钠标准滴定溶液的配制与标定方法。

（3）正确、熟练使用滴定管等仪器。

（4）遵守操作规程，保持操作现场整洁。

（5）培养严谨的实验态度和科学的分析能力，同时强化质量意识，提升职业素养。

二、工作原理

本任务参照GB 12456—2021《食品安全国家标准　食品中总酸的测定》中第一法：酸碱指示剂滴定法操作。总酸是指食品中所有酸性成分的总量，包括未离解的酸和已离解的酸的浓度，一般采用强碱滴定的方法来测定，因此总酸又称“可滴定酸度”。食品中的有机弱酸在用氢氧化钠标准溶液滴定时，被中和生成盐类。根据酸碱中和原理，用氢氧化钠标准溶液直接滴定啤酒中的总酸，用酚酞指示滴定终点，根据消耗氢氧化钠标准溶液的体积计算出啤酒中总酸的含量。其反应式为：

$$RCOOH+NaOH \Longrightarrow RCOONa+H_2O$$

影响啤酒总酸测定的主要因素为CO_2及温度。CO_2要完全除尽，若没赶尽，则会吸收一部分碱，使总酸测定结果偏高。可以采用过滤法（快速滤纸）、振荡法（40℃水浴振荡30min）、搅拌法、超声振荡法、抽真空等方法赶尽CO_2。实验过程中样品温度控制在20～25℃。

三、试剂仪器

1. 试剂

（1）0.1mol/L NaOH标准溶液

①配制：（量取、定容）配制0.1mol/L NaOH标准溶液250mL，用托盘天平称取所需质量的NaOH，用少量水溶解，稀释后转入250mL容量瓶中定容。

②标定：（称量、滴定）称取基准物质邻苯二甲酸氢钾（$KHC_8H_4O_4$）1.6～2.0g，配制成100mL溶液，准确移取25.00mL于锥形瓶中，加入酚酞指示剂2滴，用待标定的NaOH标准溶液滴定，至溶液由无色变为浅粉色，30s不褪色，记录消耗NaOH溶液体积V_1。同时做空白滴定，记录消耗NaOH溶液体积V_0。平行测定3次。计算NaOH标准溶液的浓度。

（2）1%酚酞指示剂　取1g酚酞，用95%的乙醇溶解并稀释至100mL。

（3）$KHC_8H_4O_4$（分析纯）。

2. 仪器

（1）250mL锥形瓶。

（2）恒温水浴锅。

（3）托盘天平。

（4）250mL烧杯。

（5）25mL，100mL移液管。

（6）100mL，250mL容量瓶。

（7）50mL碱式滴定管

①碱式滴定管使用前准备。

检查：检查橡皮管是否老化变质，检查玻璃珠大小是否适当，玻璃珠过大则不便操作，过小则会漏水，如不合要求，须重新更换。

试漏：把碱式滴定管装满水后夹在滴定管架上静置1min，轻轻挤压玻璃珠，放出少量液体，再次观察滴定管是否漏水。若漏水应更换橡皮管或管内玻璃珠，直至不漏水且能灵活控制液滴为止。

洗涤：先卸下碱式滴定管下端的橡皮管，将管倒置夹在滴定管架上，管口插入装有洗液的烧杯中，用吸耳球从上口反复吸取洗液进行洗涤，最后用自来水冲洗干净，再用蒸馏水洗涤3次。

②滴液。滴定管底部的开关可有效地控制滴定液的流速，需要掌握三种滴液的方法。

滴定开始：可快速滴加滴定液，采用连续滴加的方法，即一般的滴定速度，每秒3～4滴，以节省实验所需的时间。

快到终点时：控制一滴一滴加入的方法，做到需要一滴就能只加一滴。

接近终点时：使液滴悬而不落，只加半滴，甚至不到半滴的方法。

③装溶液和赶气泡。

④读数：视线应与弯月面下缘实线的最低点相平。读数要求读到小数点后第二位，即要估读到0.01mL。

同理，酸式滴定管进行试漏、涂油、洗涤、装溶液、赶气泡及读数操作。

滴定管操作见图1-1，滴定管读数见图1-2。

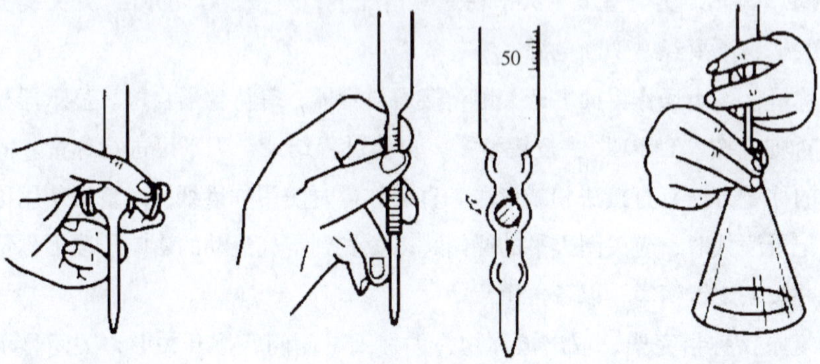

(1)酸式滴定管的操作　(2)碱式滴定管的操作　(3)滴定操作

图1-1　滴定管操作

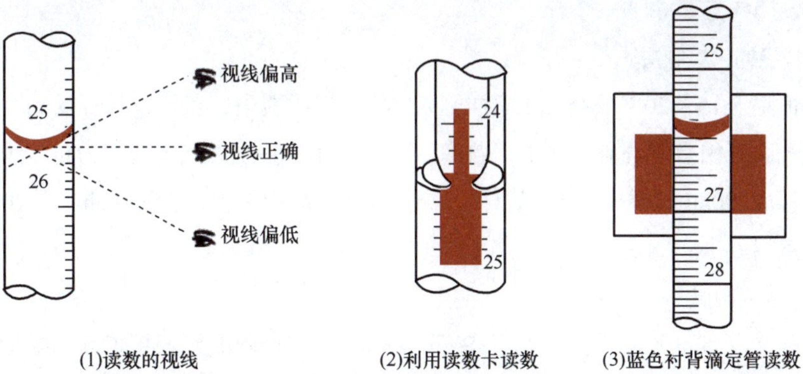

(1)读数的视线　(2)利用读数卡读数　(3)蓝色衬背滴定管读数

图1-2　滴定管读数

图1-3　电子天平

（8）电子天平（图1-3）　电子天平是一种高精度的测量仪器，对环境高度敏感，故仪器放置环境非常重要：安装平台要稳定平坦，避免振动，避免阳光直射和受热，避免在湿度大的环境工作，避免在空气直接流通的通道上。需要严格按照仪器说明书安装电子天平。电子天平操作规程如下。

①调水平：天平开机前，应观察天平后部水平仪内的水泡是否位于圆环的中央，否则通过天平的地脚螺栓调节，左旋升高，右旋下降。天平未调水平也是产生称量误差的原因之一。

②预热：天平在初次接通电源或长时间断电后开机时，至少需要30min的预热时间。因此，实验室电子天平在通常情况下，可按“ON/OFF”开关键关闭电子天平，不要经常切断电源。

③称量：按下操作界面上开关键，接通显示器，等待仪器自检。显示器显示零，否则应按“TARE”去皮键清零。自检过程结束，天平可进行称量。固体试样的称量方法有直接法和减量法。直接称量时使用称量纸，减量法使用称量瓶。记录读数时，应关闭天平的侧门，以免受到空气流动的影响。取下称量样品，并按去皮键清零，以备再用。

④复原：称量完毕，取出被称物，关好天平侧门，按开关键，关闭显示器，盖上防尘罩，填写使用登记卡。如暂时不用，可按开关键关闭电子天平，如长时间不用，应该拔掉电源。

四、操作方法

1. 样品的采集制备

将恒温至15～20℃的150mL酒样倒入250mL锥形瓶中，盖塞，轻轻摇动，开塞放气（开始有“砰砰”声），盖塞。反复操作，直至无气体逸出为止。用移液管移取100mL试样于250mL烧杯中，置于40℃水浴中恒温振荡30min，取出冷却至室温。

2. 样品的测定

准确移取25mL啤酒试样，置于250mL锥形瓶中，加50mL水，滴加2滴酚酞指示剂，用已标定的NaOH标准溶液滴定至微红色且30s不褪色。记录消耗NaOH标准溶液的体积V_1，平行测定2次。同时做空白试验，记录消耗NaOH标准溶液的体积V_2。

五、数据处理

1. NaOH标准溶液的物质的量浓度计算

NaOH标准溶液的物质的量浓度可按式（1-1）计算：

$$c=\frac{m\times\frac{25}{100}}{(V_1-V_0)\times 0.2042} \tag{1-1}$$

式中　c——NaOH标准溶液的物质的量浓度，mol/L；

m——$KHC_8H_4O_4$的质量，g；

V_1——滴定消耗NaOH标准溶液的体积，mL；

V_0——空白滴定消耗NaOH标准溶液的体积，mL；

0.2042——与1.00mL 1.000mol/L NaOH标准溶液相当的$KHC_8H_4O_4$的质量，g。

2. 样品中总酸的含量计算

样品中总酸的含量可按式（1-2）计算：

$$X=\frac{(V_1-V_0)\times c\times k}{V}\times 100 \tag{1-2}$$

式中　X——样品中总酸的含量，g/100mL；

c——NaOH标准溶液的浓度，mol/L；

V——啤酒试样的体积，mL；

V_1——消耗NaOH标准溶液的体积，mL；

V_0——空白试验消耗NaOH标准溶液的体积，mL；

k——酸的换算系数［即1mmol/L NaOH相当于某酸的质量（g），这里k为0.060］，g/mmol。

各种酸的换算系数分别为：苹果酸0.067，乙酸0.060，酒石酸0.075，柠檬酸0.064，乳酸0.090，盐酸0.036，磷酸0.049。计算结果精确到小数点后第二位。

所得结果应保留两位小数。

任务三　白酒中酒精度的测定

一、密度瓶法

1. 任务目标

（1）掌握白酒中酒精度的测定原理及步骤。

（2）熟练掌握所需仪器设备（全玻璃蒸馏器、分析天平）的操作规程和注意事项。

（3）了解中国酒文化的历史和发展，深化对传统文化的理解与认同。通过实验过程，认识到传统工艺在现代社会中的价值和意义。

2. 工作原理

本任务参照GB 5009.225—2023《食品安全国家标准　酒和食用酒精中乙醇浓度的测定》操作。以蒸馏法去除样品中的不挥发性物质，用密度瓶法测出试样（酒精水溶液）20℃时的密度，通过查询酒精水溶液密度与乙醇浓度（酒精度）对照表，求得在20℃时的乙醇浓度（酒精度）。

GB 5009.225-2023

3. 试剂仪器

（1）水　GB/T 6682—2008《分析实验室用水规格和试验方法》规定的三级水。

（2）分析天平　感量0.0001g。

（3）全玻璃蒸馏器　500mL。

（4）恒温水浴　控温精度±0.1℃。

（5）附温度计密度瓶　25mL或50mL。

（6）容量瓶　100mL。

4. 操作方法

（1）样品的采集制备　将白酒酒样倒入洁净、干燥的量筒中，静置数分钟，待酒中气泡消失后开始测定。

（2）样品的蒸馏　将洁净、干燥的100mL容量瓶和样品恒温至20℃后，准确量取样品100mL于500mL蒸馏器中，用50mL水分3次冲洗容量瓶，洗液并入500mL蒸馏器中，加几颗沸石（或玻璃珠），连接蛇形冷凝管，以取样用的原容量瓶作接收器（外加冰浴），开启冷却水（冷却水温度宜低于15℃），缓慢加热蒸馏，收集馏出液。当接近刻度时，取下容量瓶，盖塞，于20℃水浴中保温30min，再补加水（20℃）至刻度，混匀，备用。

（3）样品的测定

①将密度瓶洗净并干燥，带温度计和侧孔罩称量。重复干燥和称量，直至前后2次质量差不超过2mg，即恒重（m_0）。

②取下带温度计的瓶塞，将煮沸冷却至15℃的水注满已恒重的密度瓶中，插上带温度计的瓶塞（瓶中不得有气泡），立即浸入（20±0.1）℃的恒温水浴中，待内容物温度达20℃时保持20min。用滤纸快速吸去溢出侧管的液体，使侧管的液面和侧管管口齐平，立即盖好侧孔罩，取出密度瓶，用滤纸擦干瓶外壁上的液体，然后称量（m_1）。

③将水倒出，先用无水乙醇，再用乙醚冲洗密度瓶，吹干，用试样馏出液反复冲洗密度瓶3~5次，然后装满。按照②操作，称量（m_2）。

5. 数据处理

样品在20℃的密度按式（1-3）计算，空气浮力校正值按式（1-4）计算：

$$\rho_{20}=998.20\times\frac{m_2-m_0+A}{m_1-m_0+A} \quad (1-3)$$

$$A=\rho_u\times\frac{m_1-m_0}{997.0} \quad (1-4)$$

式中　ρ_{20}——样品在20℃时的密度，g/L；

998.20——20℃时蒸馏水的密度，g/L；

m_2——20℃时密度瓶和试样的质量，g；

m_0——密度瓶的质量，g；

A——空气浮力校正值；

m_1——浮力校正时密度瓶和水的质量，g；

ρ_u——干燥空气在20℃、1013.25hPa时的密度（1.2g/L）；

997.0——20℃时蒸馏水与干燥空气密度之差，g/L。

根据试样的密度ρ_{20}，查GB 5009.225—2023附录A，求得酒精度，以体积分数“% vol”表示。

以重复性条件下获得的2次独立测定结果的算术平均值表示，结果保留至小数点后1位。

二、比重计法

1. 任务目标

（1）掌握比重计法测定白酒中酒精度。

（2）熟练掌握酒精比重计的使用方法。

（3）准确读数，培养严谨、精益求精的科学态度。

2. 工作原理

酒精比重计是根据酒精浓度不同，比重不同，浮体沉入酒液中排开酒液的体积不同的原理而制造出来测量白酒或者酒精溶液中酒精含量的。当酒精比重计放入酒液时，酒的浓度越高，酒精比重计下沉也越多，比重也越小；反之，酒的浓度越低，酒精比重计下沉也越少，比重也越大。

3. 仪器

（1）酒精比重计（精度为0.1度）。

（2）200mL量筒。

（3）温度计。

4. 操作方法

（1）样品的采集制备　将白酒酒样倒入洁净、干燥的量筒中，静置数分钟，待酒中气泡消失后待测。洗净、擦干酒精比重计备用。

（2）样品的测定　先用待测白酒试样润洗量筒，然后将适量白酒倒入量筒中，把酒精比重计放入量筒里（不要贴筒壁），待酒精比重计静止后稍等片刻，水平观测与弯月面相切处的刻度示值，同时插入温度计记录温度，根据测得的温度和酒精比重计示值，查《酒精计温度浓度换算表》换算成20℃时的酒精度。由于表面张力的原因，酒精表面与酒精比重计长轴的接触处会出现弯月面，因此读数时应以水平面为准。

5. 数据处理

同一样品的两次测定值之差不得超过0.2%，保留一位小数，报告结果。

任务四 啤酒中双乙酰的测定

一、任务目标

（1）掌握分光光度法测定啤酒中双乙酰的含量。

（2）学习紫外分光光度计的操作方法。

（3）能规范进行蒸馏操作，树立实验安全意识，培养科学精神。

二、工作原理

本任务参照GB/T 4928—2008《啤酒分析方法》双乙酰测定方法操作。用蒸汽将双乙酰从样品中蒸馏出来，与邻苯二胺反应，生成2,3-二甲基喹喔啉，在335nm波长下测其吸光度，由于其他联二酮类都具有相同的反应特性，另外蒸馏过程中部分前驱体转化成联二酮，因此测定结果为总联二酮含量（以双乙酰表示）。

GB/T 4928—2008

三、试剂仪器

1. 试剂

（1）盐酸溶液（4mol/L） 按GB/T 601—2016《化学试剂 标准滴定溶液的制备》配制。

（2）邻苯二胺溶液（10g/L） 称取邻苯二胺0.100g，用盐酸溶液（4mol/L）溶解，并定容至10mL，摇匀，放于暗处。此溶液须当天配制与使用；若配制出来的溶液呈红色，应重新配制。

（3）有机硅消泡剂（或甘油聚醚）。

2. 仪器

（1）双乙酰蒸馏器 配备加热套管。

（2）蒸汽发生瓶 2000mL（或3000mL）锥形瓶或平底蒸馏烧瓶。

（3）容量瓶 25mL。

（4）紫外分光光度计 备有20mm石英比色皿或10mm石英比色皿。

四、操作方法

1. 蒸馏

将双乙酰蒸馏器安装好，加热蒸汽发生瓶至沸。通汽预热后，将25mL容量瓶置于冷凝器出口接收馏出液（外加冰浴），加1～2滴消泡剂于100mL量筒中，再注入未经除气的预先冷至5℃的酒样100mL，迅速转移至蒸馏器内，并用少量水冲洗带塞漏斗，盖塞。然后用水密封，进行蒸馏，直至馏出液接近25mL（蒸馏需在3min内完成）时取下容量瓶，达到室温后用重蒸水定容，摇匀。

2. 显色与测量

分别吸取馏出液10.0mL于两支干燥的比色管中，并于第一支管中加入邻苯二胺溶液0.50mL，第二支管中不加（作空白），充分摇匀后，同时置于暗处放置20～30min，然后于第一支管中加入2mL盐酸溶液，于第二支管中加入2.5mL盐酸溶液，混匀后，用20mm石英比色皿（或10mm石英比色皿），于波长335nm下，以空白作参比，测定其吸光度（比色测定操作须在20min内完成）。

五、数据处理

试样的双乙酰含量按式（1-5）计算：

$$X=A_{335}\times 1.2 \tag{1-5}$$

式中　X——试样的双乙酰含量，mg/L；

A_{335}——试样在波长335nm下，用20mm石英比色皿测得的吸光度；

1.2——用20mm石英比色皿时，吸光度与双乙酰含量的换算系数。

注：如用10mm石英比色皿时，吸光度与双乙酰含量的换算系数为2.4。

所得结果保留至两位小数。

在重复性条件下获得的两次独立测定结果的绝对差值不得超过算术平均值的10%。

任务五　葡萄酒中二氧化硫的测定

一、任务目标

（1）了解二氧化硫在葡萄酒中所起的作用。

（2）掌握直接碘量法测定葡萄酒中二氧化硫的含量。

（3）知晓二氧化硫对环境和健康的影响，培养环保意识；通过实验过程，培养耐心、细心和责任感。

二、工作原理

亚硫酸盐、焦亚硫酸盐、亚硫酸氢盐及二氧化硫用于葡萄酒和葡萄果浆中，起到杀菌防腐、抗氧化、增酸、澄清作用。GB/T 15038—2006《葡萄酒、果酒通用分析方法》里检测葡萄酒中二氧化硫的方法有直接碘量法和氧化法。碘量法的优点是检测过程比较快速，简便，精确度高；缺点是配试剂烦琐，时间长（两个星期才能配好），测颜色深的果酒、葡萄酒时终点不容易判断。氧化法的优点是所需试剂简单，结果不受样品颜色影响；缺点是反应过程时间长。

碘量法测定原理是利用碘可以与二氧化硫发生氧化还原反应的性质，用碘标准溶液作滴定剂，淀粉作指示剂，测定样品中二氧化硫的含量，反应式为：

$$I_2+SO_2+2H_2O = 2I^-+SO_4^{2-}+4H^+$$

三、试剂仪器

1. 试剂

（1）碘化钾。

（2）重铬酸钾。

（3）硫酸溶液（1+3） 取50mL浓硫酸，慢慢加入150mL水中。

（4）硫酸溶液（1+4） 取50mL浓硫酸，慢慢加入200mL水中。

（5）淀粉指示剂溶液（10g/L） 称取1g可溶性淀粉，用少许水调成糊状，缓缓倾入100mL沸水中，随加随搅拌，煮沸，放冷备用。

（6）0.1mol/L的硫代硫酸钠标准溶液

①配制：称取26g硫代硫酸钠，用新煮沸且已冷却的蒸馏水溶解，并稀释至1000mL，混匀。贮于棕色瓶中，放置两周后使用。

②标定：称取0.15g于120℃烘至恒重的基准物质重铬酸钾，精确至0.0001g。置于碘量瓶中，加入25mL水使之溶解，加2g碘化钾及20mL硫酸溶液（1+4），混匀，于暗处放置10min，加入150mL水，用硫代硫酸钠标准溶液滴定。近终点时加0.5mL淀粉指示剂溶液，继续滴定至溶液由蓝色变为亮绿色。记录消耗的硫代硫酸钠标准溶液的体积V_1。同时做空白试验，记录消耗硫代硫酸钠标准溶液的体积V_2。

（7）0.1mol/L碘标准溶液

①配制：称取6.5g碘及17.5g碘化钾，溶于50mL水中稀释至500mL，混匀。保存于棕色具塞瓶中。

②标定：吸取30mL 0.1mol/L碘标准溶液，置于碘量瓶中，加入150mL水，用0.1mol/L硫代硫酸钠标准溶液滴定，近终点时加0.5mL淀粉指示剂溶液，继续滴定至溶液蓝色消失。记录消耗的硫代硫酸钠标准溶液的体积V_1。同时做空白试验，取250mL蒸馏水，加0.05mL配制好的碘标准溶液及0.5mL淀粉指示剂

溶液，用硫代硫酸钠标准溶液滴定至蓝色消失，记录消耗的硫代硫酸钠标准溶液的体积V_2。

（8）0.02mol/L碘标准溶液　吸取50mL 0.1mol/L碘标准溶液，用水稀释至250mL，混匀。

2. 仪器

（1）250mL碘量瓶。

（2）500mL，1000mL棕色具塞瓶。

（3）50mL滴定管。

（4）50mL移液管。

（5）10mL吸量管。

（6）250mL烧杯。

（7）电子天平。

四、操作方法

1. 样品的采集制备

打开葡萄酒瓶塞，将200mL葡萄酒倒入烧杯中备用。

2. 样品的测定

用移液管准确吸取50.00mL葡萄酒样品于250mL碘量瓶中，加入少量碎冰块，再加入1mL淀粉指示剂溶液及10mL硫酸溶液（1+3），用0.02mol/L碘标准溶液迅速滴定至淡蓝色，保持30s不变即为终点，记下消耗的碘标准溶液的体积V，同时做空白试验，记下消耗的碘标准溶液的体积V_0。

五、数据处理

1. 硫代硫酸钠标准溶液的浓度计算

硫代硫酸钠标准溶液的浓度可按式（1-6）计算：

$$c = \frac{m}{(V_1 - V_2) \times 0.04903} \tag{1-6}$$

式中　c——硫代硫酸钠标准溶液的浓度，mol/L；

m——重铬酸钾的质量，g；

V_1——滴定时所消耗硫代硫酸钠标准溶液的体积，mL；

V_2——空白试验消耗硫代硫酸钠标准溶液的体积，mL；

0.04903——与1.00mL 1.000mol/L硫代硫酸钠标准溶液相当的重铬酸钾的质量，g/mmol。

2. 碘标准溶液的浓度计算

碘标准溶液的浓度可按式（1-7）计算：

$$c = \frac{(V - V_2) \times c_1}{V_1 - 0.05} \tag{1-7}$$

式中 c——碘标准溶液的浓度，mol/L；

c_1——硫代硫酸钠标准溶液的浓度，mol/L；

V——滴定时所消耗硫代硫酸钠标准溶液的体积，mL；

V_1——滴定时所使用的碘标准溶液的体积，mL；

V_2——空白试验消耗硫代硫酸钠标准溶液的体积，mL；

0.05——空白试验中加入的碘标准溶液的体积，mL。

3. 游离二氧化硫的含量计算

样品中游离二氧化硫的含量可按式（1-8）计算：

$$X = \frac{c \times (V - V_0) \times 32}{50} \times 1000 \tag{1-8}$$

式中 X——样品中游离二氧化硫的含量，mg/L；

c——碘标准溶液的浓度，mol/L；

V——样品测定时消耗的碘标准溶液的体积，mL；

V_0——空白试验消耗的碘标准溶液的体积，mL；

32——与1.00mL 1.00mol/L碘标准溶液相当的二氧化硫的质量，g/mol；

50——取样体积，mL。

所得结果表示至整数。

在重复性条件下获得的两次独立测定结果的绝对差值不得超过算术平均值的10%。

任务六 果酒中氨基酸态氮的测定

一、任务目标

（1）掌握使用酸度计测定果酒中氨基酸态氮的原理。

（2）掌握氢氧化钠标准溶液的配制与标定。

（3）正确且熟练使用酸度计和滴定管等仪器。

（4）培养质量控制意识，了解氨基酸态氮对果酒品质的影响，从而更好地控制果酒的生产质量。

二、工作原理

果酒中氨基酸态氮的测定可采用酸度计法和滴定法，两种方法的灵敏度、准确度等无明显差异，而酸度计法的操作更加省时简便。

氨基酸态氮指的是以氨基酸形式存在的氮元素的含量。氨基酸态氮是判定发酵产品发酵程度的特性指标。氨基酸具有酸、碱两重性质，因为氨基酸含有—COOH显示酸性，又含有—NH_2显示碱性。由于这两个基团的相互作用，使氨基酸成为中性的内盐。当加入甲醛溶液时，—NH_2与甲醛结合，其碱性消失，破坏内盐的存在，就可用碱来滴定—COOH，以间接方法测定氨基酸的量。根据酸碱中和原理，用氢氧化钠标准溶液直接滴定氨基酸态氮，再根据消耗氢氧化钠标准溶液的体积计算出果酒中氨基酸态氮的含量。

三、试剂仪器

1. 试剂

（1）0.1mol/L NaOH标准溶液（配制及标定详见本项目任务二）。

（2）0.05mol/L NaOH溶液（由0.1mol/L NaOH标准溶液稀释得到）。

（3）360～380g/L甲醛溶液。

（4）$KHC_8H_4O_4$（分析纯）。

2. 仪器

（1）100mL烧杯。

（2）酸度计。

（3）10mL吸量管。

（4）电磁搅拌器。

（5）50mL碱式滴定管。

四、操作方法

1. 样品的采集制备

吸取5mL果酒试样于100mL烧杯中，加蒸馏水50mL备用。

2. 样品的测定

将酸度计接通电源，预热30min后，用水清洗仪器，并用滤纸吸干附着在复合电极上的液滴。将盛放样品的烧杯置于电磁搅拌器上，电极插入烧杯内试样中适当位置。开动电磁搅拌器，先用0.1mol/L NaOH标准溶液慢慢中和试样中的有机酸，当pH达到7.5左右时，再用0.05mol/L NaOH标准溶液调至pH=8.2。然后慢慢加入10～15mL甲醛溶液，继续用0.05mol/L NaOH标准溶液滴定至溶液pH=9.2，记录消耗NaOH标准溶液的体积V，取50mL蒸馏水同时做空白试验，记录消耗NaOH标准溶液的体积V_0。

五、数据处理

酒样中氨基酸态氮含量可按式（1-9）计算：

$$X = \frac{(V - V_0) \times c \times 0.014}{5} \times 100 \qquad (1-9)$$

式中 X——酒样中氨基酸态氮的含量，g/100mL；

c——NaOH标准溶液的浓度，mol/L；

V——加入甲醛溶液后，滴定试样消耗NaOH标准溶液的体积，mL；

V_0——加入甲醛溶液后，空白试验消耗NaOH标准溶液的体积，mL；

5——酒样的体积，mL；

0.014——氮原子的摩尔质量，g/mmol。

注意：同一样品以两次测定结果的算术平均值作为结果，精确到小数点后第一位。

知识链接

一、酒类概述

GB/T 17204—2021《饮料酒术语和分类》。

1. 饮料酒

饮料酒指酒精度在0.5%vol以上的酒精饮料，包括各种发酵酒、蒸馏酒、配制酒、无醇啤酒和无醇葡萄酒。

①发酵酒：以粮谷、薯类、水果、乳类等为主要原料，经发酵或部分发酵酿制而成的饮料酒。

②蒸馏酒：以粮谷、薯类、水果、乳类等为主要原料，经发酵、蒸馏、经或不经勾调而成的饮料酒。

③配制酒：以发酵酒、蒸馏酒、食用酒精等为酒基，加入可食用的原辅料和/或食品添加剂，进行调配和/或再加工制成的饮料酒。

2. 食用酒精

食用酒精指以谷物、薯类、糖蜜或其他可食用农作物为主要原料，经发酵、蒸馏精制而成的，供食品工业使用的含水酒精。

①谷物食用酿造酒精：以谷物为主要原料，经发酵、蒸馏精制而成的，供食品工业使用的含水酒精。

②薯类食用酿造酒精：以薯类为主要原料，经发酵、蒸馏精制而成的，供食品工业使用的含水酒精。

③糖蜜食用酿造酒精：以糖蜜为主要原料，经发酵、蒸馏精制而成的，供食品工业使用的含水酒精。

④其他食用酿造酒精：以除谷物、薯类、糖蜜之外的其他可食用农作物为

主要原料，经发酵、蒸馏精制而成的，供食品工业使用的含水酒精。

3. 啤酒

啤酒指以麦芽、水为主要原料，加啤酒花（包括啤酒花制品），经酵母发酵酿制而成的，含有二氧化碳并可形成泡沫的发酵酒（包括无醇啤酒）。

①清亮啤酒：浊度≤2.0EBC的啤酒。

②浑浊啤酒：浊度>2.0EBC的啤酒。

③熟啤酒：经过巴氏灭菌或瞬时高温灭菌的啤酒。

④生啤酒：不经过巴氏灭菌或瞬时高温灭菌，达到一定生物稳定性的啤酒。

⑤混合发酵啤酒：在酿造过程中，使用一种以上微生物混合发酵生产的啤酒。

⑥淡色啤酒：色度在2～14EBC的啤酒。

⑦浓色啤酒：色度在15～60EBC的啤酒。

⑧黑啤酒：色度≥61EBC的啤酒。

⑨干啤酒：口味干爽的啤酒。

⑩冰啤酒：经冰晶化工艺处理的啤酒。

4. 葡萄酒

葡萄酒指以葡萄或葡萄汁为原料，经全部或部分酒精发酵酿制而成的，含有一定酒精度的发酵酒。

①白葡萄酒：外观色泽近似无色或呈现微黄带绿、浅黄、禾秆黄、金黄色等颜色的葡萄酒。

②桃红葡萄酒：外观色泽近似桃红或呈现淡玫瑰红、浅红色等颜色的葡萄酒。

③红葡萄酒：外观色泽近似紫红或呈现深红、宝石红、红微带棕色、棕红色等颜色的葡萄酒。

④干葡萄酒：总糖≤4.0g/L的葡萄酒。或者总酸与总糖的差值≤2.0g/L时，总糖最高为9.0g/L的葡萄酒。

⑤半干葡萄酒：总糖大于干葡萄酒，最高为12.0g/L的葡萄酒。或者当总糖与总酸的差值≤10.0g/L时，总糖最高为18.0g/L的葡萄酒。

⑥半甜葡萄酒：总糖大于半干葡萄酒，最高为45.0g/L的葡萄酒。

⑦甜葡萄酒：总糖>45.0g/L的葡萄酒。

⑧葡萄汽酒：酒中所含二氧化碳是部分或全部由人工添加的，具有同起泡葡萄酒类似物理特性的含气葡萄酒。

⑨冰葡萄酒：当气温低于−7℃时，使葡萄在树枝上保持一定时间后采收，在结冰状态下压榨，发酵酿制而成的葡萄酒。

⑩加香葡萄酒：以葡萄酒为酒基，经浸泡芳香植物或加入芳香植物的提取物而制成的，具有浸泡植物或植物提取物特征的葡萄酒。

5. 果酒

①果酒（发酵型）：以水果或果汁（浆）为主要原料，经全部或部分酒精发酵酿制而成的，含有一定酒精度的发酵酒。

②果酒（配制型）：以发酵酒、蒸馏酒、食用酒精等为酒基，加入水果进行浸泡和/或直接加入果汁，可添加食品添加剂，经调配、加工而成的配制酒。

6. 黄酒（老酒）

黄酒指以稻米、黍米、小米、玉米、小麦、水等为主要原料，经加曲和/或部分酶制剂、酵母等糖化发酵剂酿制而成的发酵酒。

①传统型黄酒：以稻米、黍米、玉米、小米、小麦、水等为主要原料，经蒸煮、加酒曲、糖化、发酵、压榨、过滤、煎酒（除菌）、贮存、勾调而成的黄酒。

②清爽型黄酒：以稻米、黍米、玉米、小米、小麦、水等为主要原料，经蒸煮、加入酒曲和/或部分酶制剂、酵母为糖化发酵剂，经糖化、发酵、压榨、过滤、煎酒（除菌）、贮存、勾调而成的，口味清爽的黄酒。

③特型黄酒：由于原辅料和/或工艺有所改变，具有特殊风味且不改变黄酒风格的酒。

④红曲酒：以稻米和/或其他淀粉质原料、水为主要原料，以红曲为主要糖化发酵剂酿制而成的发酵酒。

7. 白酒

白酒指以粮谷为主要原料，以大曲、小曲、麸曲、酶制剂及酵母等为糖化发酵剂，经蒸煮、糖化、发酵、蒸馏、陈酿、勾调而成的蒸馏酒。

①大曲酒：以大曲为糖化发酵剂酿制而成的白酒。

②小曲酒：以小曲为糖化发酵剂酿制而成的白酒。

③麸曲酒：以麸曲为糖化剂，加酒母发酵酿制而成的白酒。

④混合曲酒：以大曲、小曲、麸曲等其中两种或两种以上糖化发酵剂酿制而成的白酒，或以糖化酶为糖化剂，加酿酒酵母等发酵酿制而成的白酒。

⑤浓香型白酒：以粮谷为原料，采用浓香大曲为糖化发酵剂，经泥窖固态发酵，固态蒸馏，陈酿、勾调而成的，不直接或间接添加食用酒精及非自身发酵产生的呈色呈香呈味物质的白酒。

⑥清香型白酒：以粮谷为原料，采用大曲、小曲、麸曲及酒母等为糖化发酵剂，经缸、池等容器固态发酵，固态蒸馏、陈酿、勾调而成，不直接或间接添加食用酒精及非自身发酵产生的呈色呈香呈味物质的白酒。

⑦米香型白酒：以大米等为原料，采用小曲为糖化发酵剂，经半固态法发酵、蒸馏、陈酿、勾调而成的，不直接或间接添加食用酒精及非自身发酵产生的呈色呈香呈味物质的白酒。

⑧老白干香型白酒：以粮谷为原料，采用中温大曲为糖化发酵剂，以地缸等为发酵容器，经固态发酵、固态蒸馏、陈酿、勾调而成的，不直接或间接添加食用酒精及非自身发酵产生的呈色呈香呈味物质的白酒。

⑨酱香型白酒：以粮谷为原料，采用高温大曲为糖化发酵剂，经固态发酵、固态蒸馏、陈酿、勾调而成的，不直接或间接添加食用酒精及非自身发酵产生的呈色呈香呈味物质，具有酱香特征风格的白酒。

8. 白兰地

白兰地指以水果或果汁（浆）为原料，经发酵、蒸馏、陈酿、调配而成的蒸馏酒。

二、酒类原辅材料

1. 啤酒

啤酒是世界的传统饮品，入口清香醇厚，回味无穷。啤酒是以大麦为原料制成的酒，有柔和的泡沫和特殊的香味。

（1）啤酒酿造用水　水质要求：①无色、无臭、透明、无生物污染，淡色啤酒用水要求无色、无臭、透明，且不能有生物污染。②低硬度：水的硬度应低，以避免影响啤酒的色泽和口感。③低铁、锰含量：铁和锰含量低，以避免影响啤酒的色泽和味道。④不含亚硝酸盐：确保啤酒的安全性。⑤适当的硬度和碱度：精酿啤酒用水应具有适当的硬度和碱度，以影响啤酒的泡沫稳定性和酵母生长。

（2）啤酒花　简称酒花，被誉为“啤酒的灵魂”，成为啤酒酿造不可缺少的原料之一，其有效成分为酒花树脂和酒花油。在酿制啤酒时添加了酒花，可使啤酒具有清爽的苦味、芬芳的香味，并有防腐和澄清麦芽汁的作用。啤酒花主要化学成分有α-酸（学名葎草酮）、异葎草酮、β-酸（学名蛇麻酮）、聚蛇麻酮、香叶烯、葎草烯、芳樟醇、蛇麻醇、芸香苷、鞣质、胆碱等物质。

（3）麦芽　具有麦芽香味，淡黄色，有光泽，无异味，无霉粒。麦芽的质量直接影响啤酒的质量。

（4）其他辅助原料　辅助原料包括未发芽谷类如大米、玉米、小麦和大麦等及糖类如蔗糖、葡萄糖、转化糖和糖浆等。

2. 白酒

白酒是以曲类、酒母为糖化发酵剂，利用淀粉质（糖质）原料，经蒸煮、糖化、发酵、蒸馏、陈酿和勾调而酿制而成的。中国白酒以谷物及薯类等富含淀粉的作物为原料，经过发酵蒸馏而成。粮食类的原料有高粱、玉米和大麦，薯类的原料有甘薯和木薯，含糖原料甘蔗及甜菜的渣、废糖蜜等均可制酒。此外，高粱糠、米糠、麸皮、淘米水、淀粉渣、甘薯、甜菜头尾等，均可作为代用原料。

3. 葡萄酒

葡萄酒是以新鲜葡萄或葡萄汁为原料，经酵母发酵酿制而成的酒精度不低于8%（体积分数）的各类酒的总称。葡萄酒一般使用软木塞密封。SO_2或其衍生物（亚硫酸盐、焦亚硫酸盐和亚硫酸氢盐）作为葡萄酒中的添加剂，被广泛应用于葡萄的采摘和酿制过程中，起到保鲜、杀菌、抗氧化、稳定及防腐等作用。SO_2通常作为保护剂添加到葡萄酒中，有杀死葡萄皮表面杂菌的作用。它也是一种抗氧化剂，在保护酒液的天然水果特性的同时防止酒液老化。SO_2加少了酒质不保，加多了会使葡萄酒产生如腐蛋般的难闻气味，酒质变得生硬，开瓶后需要长时间呼吸，掩盖酒质的优秀展现。SO_2含量过高，人体过量饮用后会引发急性中毒，严重的还可能引起肺水肿、窒息、昏迷。因此葡萄酒中的二氧化硫含量一直属于葡萄酒检测中要严格监控的项目。每个国家对酿酒过程中能加入的SO_2最大限度都有专门的法律规定。对SO_2作为葡萄酒的添加剂，GB 2760—2024《食品安全国家标准　食品添加剂使用标准》中在使用量上有严格的规定，最大使用量不得超过0.25g/L。

三、酒类检测指标

1. 白酒检测指标

酱香型白酒应符合GB/T 26760—2011《酱香型白酒》相应产品标准的有关规定，见表1-1~表1-4。

GB/T 26760—2011

表1-1　酱香型白酒高度酒感官要求

项目	优级	一级	二级
色泽和外观	无色或微黄，清亮透明，无悬浮物，无沉淀*		
香气	酱香突出，香气幽雅，空杯留香持久	酱香较突出，香气舒适，空杯留香较长	酱香明显，有空杯香
口味	酒体醇厚，丰满，诸味协调，回味悠长	酒体醇和，协调，回味长	酒体较醇和协调，回味较长
风格	具有本品典型风格	具有本品明显风格	具有本品风格

注：*当酒的温度低于10℃时，允许出现白色絮状沉淀物质或失光；10℃以上时应逐渐恢复正常。

表1-2 酱香型白酒低度酒感官要求

项目	优级	一级	二级
色泽和外观	无色或微黄，清亮透明，无悬浮物，无沉淀*		
香气	酱香较突出，香气较优雅，空杯留香久	酱香较纯正，空杯留香好	酱香较明显，有空杯香
口味	酒体醇和，协调，味长	酒体柔和协调，味较长	酒体较柔和协调，回味尚长
风格	具有本品典型风格	具有本品明显风格	具有本品风格

注：*当酒的温度低于10℃时，允许出现白色絮状沉淀物质或失光；10℃以上时应逐渐恢复正常。

表1-3 酱香型白酒高度酒理化指标

项目		优级	一级	二级
酒精度(20℃)/%vol			45~58*	
总酸(以乙酸计)/(g/L)	≥	1.40	1.40	1.20
总酯(以乙酸乙酯计)/(g/L)	≥	2.20	2.00	1.80
己酸乙酯/(g/L)	≤	0.30	0.40	0.40
固形物/(g/L)	≤		0.70	

注：*酒精度实测值与标签标示值允许差为±1.0%vol。

表1-4 酱香型白酒低度酒理化指标

项目		优级	一级	二级
酒精度(20℃)/%vol			32~44*	
总酸(以乙酸计)/(g/L)	≥	0.80	0.80	0.80
总酯(以乙酸乙酯计)/(g/L)	≥	1.50	1.20	1.00
己酸乙酯/(g/L)	≤	0.30	0.40	0.40
固形物/(g/L)	≤		0.70	

注：*酒精度实测值与标签标示值允许差为±1.0%vol。

2. 啤酒检测指标

啤酒应符合GB 4927—2008《啤酒》相应产品标准的有关规定，见表1-5~

GB 4927—2008

表1-8。

表 1-5　淡色啤酒感官要求

项目			优级	一级
外观[1]	透明度		清亮，允许有肉眼可见的微细悬浮物和沉淀物（非外来异物）	
	浊度/EBC　≤		0.9	1.2
泡沫	形态		泡沫洁白细腻，持久挂杯	泡沫较洁白细腻，较持久挂杯
	泡持性[2]/s　≥	瓶装	180	130
		听装	150	110
香气和口味			有明显的酒花香气，口味纯正，爽口，酒体协调，柔和，无异香、异味	有较明显的酒花香气，口味纯正，较爽口，协调，无异香、异味

注：1 对非瓶装的“鲜啤酒”无要求。
2 对桶装(鲜、生、熟)啤酒无要求。

表1-6　浓色啤酒、黑色啤酒感官要求

项目			优级	一级
外观[1]			酒体有光泽，允许有肉眼可见的微细悬浮物和沉淀物(非外来异物)	
泡沫	形态		泡沫细腻挂杯	泡沫较细腻挂杯
	泡持性[2]/s　≥	瓶装	180	130
		听装	150	110
香气和口味			具有明显的麦芽香气，口味纯正，爽口，酒体醇厚，杀口，柔和，无异味	有较明显的麦芽香气，口味纯正，较爽口，杀口，无异味

注：1 对非瓶装的“鲜啤酒”无要求。
2 对桶装(鲜、生、熟)啤酒无要求。

表1-7　淡色啤酒理化要求

项目		优级	一级
酒精度[1]/(%vol) ≥	≥14.1° P	5.2	
	12.1~14.0° P	4.5	
	11.1~12.0° P	4.1	
	10.1~11.0° P	3.7	
	8.1~10.0° P	3.3	
	≤8.0° P	2.5	
原麦汁浓度[2]/° P		*X*	
总酸/(mL/100 mL) ≤	≥14.1 ° P	3.0	
	10.1~14.0P	2.6	
	≤10.0° P	2.2	
二氧化碳[3]/%(质量分数)		0.35~0.65	
双乙酰/(mg/L) ≤		0.10	0.15
蔗糖转化酶活性[4]		呈阳性	

注：1 不包括低醇啤酒、脱醇啤酒。

2 “*X*”为标签上标注的原麦汁浓度，≥10.0° P允许的负偏差为“-0.3”；<10.0° P允许的负偏差为“-0.2”。

3 桶装(鲜、生、熟)啤酒二氧化碳不得小于0.25 %(质量分数)。

4 仅对生啤酒和鲜啤酒有要求。

表1-8　浓色啤酒、黑色啤酒理化要求

项目		优级	一级
酒精度[1]/(%vol)≥	≥14.1° P	5.2	
	12.1~14.0° P	4.5	
	11.1~12.0° P	4.1	
	10.1~11.0° P	3.7	
	8.1~10.0° P	3.3	
	≤8.0° P	2.5	
原麦汁浓度[2]/° P		*X*	

续表

项目		优级	一级
总酸/(mL/100 mL)	≤	4.0	
二氧化碳[3]/%(质量分数)		0.35～0.65	
蔗糖转化酶活性[4]		呈阳性	

注：1 不包括低醇啤酒、脱醇啤酒。

2 “X”为标签上标注的原麦汁浓度，≥10.0° P允许的负偏差为“-0.3”；<10.0° P允许的负偏差为“-0.2”。

3 桶装(鲜、生、熟)啤酒二氧化碳不得小于0.25 %(质量分数)。

4 仅对生啤酒和鲜啤酒有要求。

3. 葡萄酒检测指标

GB 15037—2006

葡萄酒应符合GB 15037—2006《葡萄酒》相应产品标准的有关规定，见表1-9、表1-10。

表1-9 葡萄酒感官要求

项目			要求
外观	色泽	白葡萄酒	近似无色、微黄带绿、浅黄、禾秆黄、金黄色
		红葡萄酒	紫红、深红、宝石红、红微带棕色、棕红色
		桃红葡萄酒	桃红、淡玫瑰红、浅红色
	澄清程度		澄清，有光泽，无明显悬浮物(使用软木塞封口的酒允许有少量软木渣，装瓶超过1年的葡萄酒允许有少量沉淀)
	起泡程度		起泡葡萄酒注入杯中时，应有细微的串珠状气泡升起，并有一定的持续性
香气与滋味	香气		具有纯正、优雅、怡悦、和谐的果香与酒香，陈酿型的葡萄酒还应具有陈酿香或橡木香
	滋味	干、半干葡萄酒	具有纯正、优雅、爽怡的口味和悦人的果香味，酒体完整
		半甜、甜葡萄酒	具有甘甜醇厚的口味和陈酿的酒香味，酸甜协调，酒体丰满
		起泡葡萄酒	具有优美醇正、和谐悦人的口味和发酵起泡酒的特有香味，有杀口力
典型性			具有标示的葡萄品种及产品类型应有的特征和风格

表1-10　葡萄酒理化要求

项目			要求
酒精度[1](20℃)(体积分数)/%			≥7.0
总糖[4](以葡萄糖计)/(g/L)	平静葡萄酒	干葡萄酒[2]	≤4.0
		半干葡萄酒[3]	4.1~12.0
		半甜葡萄酒	12.1~45.0
		甜葡萄酒	≥45.1
	高泡葡萄酒	天然型高泡葡萄酒	≤12.0(允许差为3.0)
		绝干型高泡葡萄酒	12.1~17.0(允许差为3.0)
		干型高泡葡萄酒	17.1~32.0(允许差为3.0)
		半干型高泡葡萄酒	32.1~50.0
		甜型高泡葡萄酒	≥50.1
干浸出物/(g/L)	白葡萄酒		≥16.0
	桃红葡萄酒		≥17.0
	红葡萄酒		≥18.0
挥发酸(以乙酸计)/(g/L)			≤1.2
柠檬酸/(g/L)	干、半干、半甜葡萄酒		≤1.0
	甜葡萄酒		≤2.0
二氧化碳(20℃)/MPa	低泡葡萄酒	<250 mL/瓶	0.05~0.29
		≥250 mL/瓶	0.05~0.34
	高泡葡萄酒	<250 mL/瓶	≥0.30
		≥250 mL/瓶	≥0.35
铁/(mg/L)			≤8.0
铜/(mg/L)			≤1.0
甲醇/(mg/L)	白、桃红葡萄酒		≤250
	红葡萄酒		≤400
苯甲酸或苯甲酸钠(以苯甲酸计)/(mg/L)			≤50
山梨酸或山梨酸钾(以山梨酸计)/(mg/L)			≤200

注：总酸不作要求，以实测值表示(以酒石酸计，g/L)。

1 酒精度标签标示值与实测值不得超过±1.0%(体积分数)。

2 当总糖与总酸(以酒石酸计)的差值小于或等于2.0g/L时，含糖最高为9.0g/L。

3 当总糖与总酸(以酒石酸计)的差值小于或等于2.0g/L时，含糖最高为18.0g/L。

4 低泡葡萄酒总糖的要求同平静葡萄酒。

拓展阅读 食品检测室规则及安全知识

一、食品检测室规则

（1）进入实验室前应认真预习，明确任务目标，了解实验的基本原理、方法、步骤以及有关的基本操作和注意事项。

（2）遵守纪律，不迟到，不早退，不在实验室大声喧哗，保持室内安静。

（3）实验前，先清点所用仪器，如发现破损，立即向指导教师声明补领。如在实验过程中损坏仪器，应及时报告，并填写仪器破损报告单，经指导教师签字后交实验室工作人员处理。

（4）实验时听从教师的指导，严格按操作规程正确操作，仔细观察，积极思考，并及时将实验现象和数据如实记录在专用的记录本上。

（5）公用仪器和试剂瓶等用毕立即放回原处，不得随意乱拿乱放。试剂瓶中试剂不足时，应报告指导教师，及时补充。

（6）实验时要保持桌面和实验室清洁整齐。废液倒入废液缸，火柴梗、用后的试纸、滤纸等和废物一起投入废物篓内，严禁投放在水槽中，以免腐蚀和堵塞水槽及下水道。

（7）实验中严格遵守水、电、煤气，易燃、易爆以及有毒药品等的安全规则。注意节约水、电和试剂。

（8）实验完毕，将实验桌面、仪器和药品架整理干净。值日生负责做好整个实验室的清洁工作，并关好水、电开关及门窗等。实验室一切物品不得带离实验室。

（9）实验后根据原始记录，联系理论知识，认真分析问题，处理数据，按要求格式写出实验报告，即时交给指导教师批阅。

二、食品检测室安全知识

据统计，化工行业每年都要发生几百起重大事故，造成人员伤亡，给国家造成重大经济损失。事故原因分析中，约有百分之七十是因为违章操作（不规范操作）造成的。这就要求我们从一开始就要加强规范操作的意识，思想上高度重视，操作中严格按照要求进行，弄不明白的不盲目操作，确保操作规范，安全无误。进行化学实验，经常使用水、电、煤气、各种仪器和易燃、易爆、腐蚀性以及有毒的药品等，实验室安全极为重要。

（1）实验开始前，检查仪器是否完整无损，装置是否正确。明确实验室安全用具放置的位置，熟悉使用各种安全用具（如灭火器、沙桶、急救箱等）的方法。

（2）实验进行时，不得擅自离开岗位。水用完立即关闭水龙头。实验结束后，值日生和最后离开实验室的人员应再一次检查它们是否被关好。

（3）决不允许任意混合各种化学药品，以免发生事故。

（4）浓酸、浓碱等具有强腐蚀性的药品，切勿溅在皮肤或衣服上，尤其不可溅入眼中。

（5）使用极易挥发和引燃的有机溶剂（如乙醚、乙醇、乙酮、苯等）时，必须远离明火，用后要立即塞紧瓶塞，放在阴凉处。

（6）加热时，要严格遵从操作规程。制备或实验具有刺激性、恶臭和有毒的气体时，必须在通风橱内进行。

（7）实验室内任何药品不得进入口中或接触伤口，有毒药品更应特别注意。有毒废液不得倒入水槽，以防与水槽中的残酸作用而产生有毒气体。防止污染环境，增强自身的环境保护意识。

（8）实验室电器设备的功率不得超过电源负载能力。电器设备使用前应检查是否漏电，常用仪器外壳应接地。使用电器时，人体与电器导电部分不能直接接触，也不能用湿手接触电器插头。

（9）进行危险性实验时，应使用防护眼镜、面罩、手套等防护用具。

（10）严格遵守实验室的规章制度。严格按照规范操作要求进行操作。注意创造良好的工作环境。实验室所用仪器、试剂要放置有序，实验台面及时整理，固体废弃物及有毒、有腐蚀性的废液要倒在废液缸中并及时妥善处理。及时清理洒出的化学药品等，保持良好的实验环境。

三、检测室意外事故的一般处理

（1）割伤。先取出伤口内的异物，在伤口周围皮肤消毒后用纱布包扎。

（2）烫伤。可用苦味酸溶液冲洗灼伤处，在伤口处抹上烫伤膏。

（3）酸蚀伤。先用大量水冲洗，然后用饱和$NaHCO_3$溶液或稀氨水洗，最后再用水冲洗。碱蚀伤先用大量水冲洗，再用约0.3mol/L CH_3COOH溶液洗，最后再用水冲洗。如果碱溅入眼中，则先用硼酸溶液洗，再用水洗。

（4）吸入刺激性、有毒气体如Cl_2、HCl和溴蒸气时，可吸入少量酒精和乙醚的混合蒸气使之解毒。吸入H_2S气体而感到不适时，立即到室外呼吸新鲜空气。

（5）毒物进入口中若毒物尚未咽下，应立即吐出来，并用水冲洗口腔；如已咽下，应设法促使呕吐，并根据毒物的性质服解毒剂。

（6）起火。若因酒精、苯、乙醚等引起火，立即用湿抹布、石棉布或砂土覆盖燃烧物。火势大时可用泡沫灭火器。若遇电器设备引起的火灾，应先切断电源，用二氧化碳灭火器或四氯化碳灭火器灭火，不能用泡沫灭火器，以免触电。火势较大，则应立即报警。触电首先切断电源，必要时进行人工呼吸。若伤势较重，则应立即送医院。

思考练习

1. 什么是发酵酿造产品？如何对其进行分类？
2. 酒母培养过程中防止杂菌污染的措施有哪些？
3. 简述葡萄酒换桶的目的。
4. 简述引起低度白酒浑浊的主要原因及主要物质。
5. 发酵酿造产品的主要理化指标和卫生指标分别是什么？
6. 如何进行发酵酿造产品的采集与制备？
7. 酒精比重计法检测白酒中酒精度时如何进行样品前处理？应注意哪些问题？
8. 举例说明色泽对食品成熟度、品质等方面的影响。
9. 啤酒中双乙酰的测定方法有哪些？
10. 分光光度法检测啤酒中双乙酰的原理及判定标准是什么？
11. 电位滴定法检测果酒中氨基酸态氮的原理及判定标准是什么？
12. 感官检验受哪些主观、客观因素的影响？如何控制这些因素确保感官分析结果的准确？
13. 什么是检验报告？它有什么作用？填写检验报告有什么要求？
14. 如何进行酒类真伪的鉴别？
15. 列表说明常用感官检验方法的分类、适用范围。
16. 生产过程中各环节分别应用哪类感官检验方法？
17. 感觉的基本规律有哪些？它们在感官检验中有哪些作用？
18. 如何评价味觉、嗅觉？味觉、嗅觉识别技术的要点是什么？
19. 影响果酒中二氧化硫含量测定准确度的因素有哪些？
20. 配制碘标准溶液时为什么要加入碘化钾？

项目二

乳及乳制品检测

任务一　乳及乳制品中非蛋白氮的测定

一、任务目标

（1）掌握乳及乳制品中非蛋白氮含量的测定原理及步骤。

（2）掌握GB/T 21704—2008《乳与乳制品中非蛋白氮含量的测定》中的基本操作技能。

（3）建立严谨求实的职业操守、职业认同感和参与岗位劳动的获得感。

GB/T 21704-2008

二、工作原理

用15%的三氯乙酸溶液沉淀蛋白质，滤液经消化、蒸馏后，用0.01mol/L盐酸滴定，计算氮含量，即为样品中非蛋白氮的含量。

三、试剂仪器

1. 试剂

（1）水　GB/T 6682—2008规定的一级水。

（2）蔗糖（$C_{11}H_{22}O_{11}$）　含氮量质量分数不大于0.002%，使用之前不能在烘箱中干燥。

（3）三氯乙酸溶液　150g/L，称取15.0g三氯乙酸（CCl_3COOH），加水溶解并稀释至100mL，混匀。

（4）盐酸标准滴定溶液［c（HCl）=0.01mol/L］　配制标定按GB/T 5009.1—2003《食品卫生检验方法　理化部分　总则》附录B执行。

（5）其余试剂　同GB 5009.5—2016《食品安全国家标准　食品中蛋白质的测定》中试剂。

（6）定量滤纸　中速。

2. 仪器

（1）均质机　转速6000～18000r/min。

（2）定氮蒸馏装置。

（3）电子分析天平　感量0.0001g。

四、操作方法

1. 样品的采集制备

贮藏在冰箱中的乳与乳制品，应在试验前预先取出，并达室温。

液态试样：准确称取试样10g，精确至0.0001g，置于预先已称量的烧杯中，待测。

固态试样：准确称取试样10g，精确至0.0001g，置于烧杯中。乳粉加入90mL温水，搅拌均匀；干酪加入40mL温水，均质机匀浆溶解；黄油温热熔化，吸取10mL于预先已称量的烧杯中，称量，待测。

2. 沉淀、过滤

量取40mL三氯乙酸溶液，加入上述盛有试样的烧杯中，摇匀，准确称量。静置5min，中速滤纸过滤，收集澄清滤液。

3. 样品测定

准确称取滤液20g，精确至0.0001g，用0.01mol/L盐酸标准滴定溶液代替0.1mol/L盐酸标准滴定溶液，按GB 5009.5—2016第一法规定执行。

4. 空白测定

准确称取0.1g蔗糖于烧杯中，加入16mL的三氯乙酸溶液，测定操作同样品测定，结果作为空白值。

五、数据处理

试样中非蛋白氮的含量以质量分数计，数值以%表示，按式（2-1）计算：

$$X=\frac{1.4007c\left(V_1-V_0\right)\left(m_2-0.065m_1\right)}{m_3m_1} \qquad (2-1)$$

式中　X——试样中非蛋白氮的含量，%；

c——盐酸标准滴定溶液的浓度，mol/L；

V_1——试样消耗盐酸标准滴定溶液的体积，mL；

V_0——空白消耗盐酸标准滴定溶液的体积，mL；

m_2——加入40mL三氯乙酸溶液后的试样质量，g；

0.065——响应因子；

m_1——用于沉淀蛋白的试样质量，g；

m_3——用于消化滤液的质量，g。

测定结果用平行测定的算术平均值表示，保留3位有效数字。

任务二　乳制品溶解度的测定

一、任务目标

（1）掌握乳制品溶解度的测定原理。

（2）掌握离心机的使用方法。

（3）能严格按照操作规程进行安全操作。

（4）培养严谨的科学态度、实践操作能力和社会责任感，强化“质量第一、安全至上”的食品行业核心价值观。

二、工作原理

离心机有一个绕本身轴线高速旋转的圆筒，称为转鼓，通常由电动机驱动。悬浮液（或乳浊液）加入转鼓后，被迅速带动与转鼓同速旋转，在离心力作用下各组分分离，并分别排出。通常，转鼓转速越高，分离效果也越好。

离心机主要用于将悬浮液中的固体颗粒与液体分开，或将乳浊液中两种密度不同，又互不相溶的液体分开。本任务将利用离心机的工作原理，使乳粉中的不溶物沉淀，通过称量不溶物干燥后的质量，计算出乳粉的溶解度。

三、试剂仪器

1. 试剂

蒸馏水。

2. 仪器

（1）50mL厚壁玻璃管　15mm×150mm。

（2）50mL烧杯。

（3）称量皿　直径50～70mm的铝皿或玻璃皿。

（4）离心机。

（5）电子水平。

（6）水浴锅。

（7）烘箱。

四、操作方法

1. 样品的采集制备

打开乳粉包装袋，称取样品5g（准确到0.2g）置于50mL烧杯中备用。

2. 样品的测定

用38mL 25～30℃的水分数次将乳粉溶解，并洗入50mL厚壁玻璃管中，加塞，将离心管于30℃水中保温5min，取出振摇3min，置离心机中，以3600r/min的速度离心10min，使不溶物沉淀。倾去上层清液，并用棉刷拭清管壁，再加入38mL 25～30℃水，加塞，上下摇动，使沉淀悬浮。再置离心机中离心10min，倾去上层清液，用棉刷仔细拭清管壁。用少量水将不溶物洗入已恒重的称量皿中，先在沸水浴上将皿中水分蒸干，再移入100℃烘箱中烘至恒重（前后两次质量差不超过2mg）。

五、数据处理

乳粉的溶解度可按式（2–2）计算：

$$\text{乳粉的溶解度} = 100\% - \frac{m_2 - m_1}{m \times (1 - w_{\text{水分}})} \times 100\% \quad (2-2)$$

式中 m——样品的质量，g；

m_1——称量皿的质量，g；

m_2——称量皿和不溶物干燥后的质量，g；

$w_{\text{水分}}$——样品水的质量分数，%。

另外对于加糖乳粉，计算时必须扣除所加糖的质量分数。

任务三　乳制品中蛋白质的测定

一、任务目标

（1）能应用凯氏定氮测定原理解释操作过程。

（2）掌握凯氏定氮仪的使用方法，能运用滴定技术测定蛋白质中氮的含量。

（3）能严格按照操作规程进行安全操作，真实记录；会分析实验结果；能进行环保处理。培养分析、判断和解决问题的能力。

（4）培养科学探究能力、实验规范意识和职业道德，树立精益求精、品质为本的工匠精神和食品安全意识。

二、工作原理

本任务参照GB 5009.5—2016《食品安全国家标准　食品中蛋白质的测

定》中第一法：凯氏定氮法操作。食品中的蛋白质在催化加热条件下被分解，产生的氨与硫酸结合生成硫酸铵。碱化蒸馏使氨游离，用硼酸吸收后以硫酸或盐酸标准滴定溶液滴定，根据酸的消耗量计算氮含量，再乘以换算系数，即为蛋白质的含量。

测定食品中蛋白质的含量，对于评价食品的营养价值、合理开发利用食品资源、指导生产、优化食品配方、提高产品质量具有重要的意义。此方法优点是应用范围广、灵敏度高、回收率好。缺点是操作费时并产生有害气体，污染环境。

凯氏定氮法包括消化、蒸馏、吸收和滴定四个操作过程。

消化：$2NH_2(CH_2)_2COOH+13H_2SO_4 = (NH_4)_2SO_4+6CO_2+12SO_2+16H_2O$，硫酸铜为催化剂，硫酸钾用于提高硫酸的沸点。

蒸馏：$2NaOH+(NH_4)_2SO_4 = 2NH_3+Na_2SO_4+2H_2O$，加入NaOH要过量，且要防止样液中氨气的逸出。

吸收：$2NH_3+4H_3BO_3 = (NH_4)_2B_4O_7+5H_2O$，生成的氨用硼酸吸收。

滴定：$(NH_4)_2B_4O_7+5H_2O+2HCl = 2NH_4Cl+4H_3BO_3$，用盐酸滴定$(NH_4)_2B_4O_7$。

三、试剂仪器

1. 试剂

除非另有说明，本方法所用试剂均为分析纯，水为GB/T 6682—2008规定的三级水。

（1）硫酸铜（$CuSO_4 \cdot 5H_2O$）。

（2）硫酸钾（K_2SO_4）。

（3）硫酸（H_2SO_4）。

（4）硼酸（H_3BO_3）。

（5）甲基红指示剂（$C_{15}H_{15}N_3O_2$）。

（6）溴甲酚绿指示剂（$C_{21}H_{14}Br_4O_5S$）。

（7）亚甲基蓝指示剂（$C_{16}H_{18}ClN_3S \cdot 3H_2O$）。

（8）氢氧化钠（NaOH）。

（9）95%乙醇（C_2H_5OH）。

（10）硼酸溶液（20g/L）　称取20g硼酸，加水溶解后稀释至1000mL。

（11）氢氧化钠溶液（400g/L）　称取 40 g 氢氧化钠加水溶解后，放冷，并稀释至 100 mL。

（12）硫酸标准滴定溶液［$c(\frac{1}{2}H_2SO_4)$=0.0500mol/L］或盐酸标准滴定溶液［$c(HCl)$=0.0500mol/L］。

（13）甲基红乙醇溶液（1g/L）　称取0.1g甲基红，溶于95%乙醇，用95%乙醇稀释至100mL。

（14）亚甲基蓝乙醇溶液（1g/L）　称取0.1g亚甲基蓝，溶于95%乙醇，用 95%乙醇稀释至100mL。

（15）溴甲酚绿乙醇溶液（1g/L）　称取0.1g溴甲酚绿，溶于95%乙醇，用95%乙醇稀释至100mL。

（16）A混合指示液　2份甲基红乙醇溶液与1份亚甲基蓝乙醇溶液临用时混合。

（17）B混合指示液　1份甲基红乙醇溶液与5份溴甲酚绿乙醇溶液临用时混合。

2. 仪器

（1）电子分析天平　感量为1mg。

（2）定氮蒸馏装置　如图2-1所示。

（3）自动凯氏定氮仪。

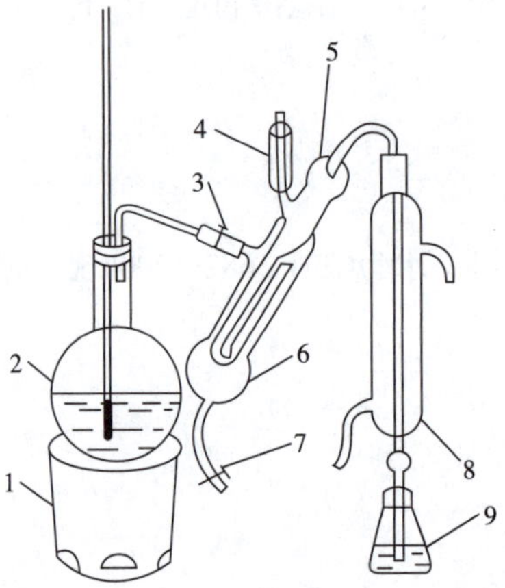

图2-1　定氮蒸馏装置图

1—电炉　2—水蒸气发生器（2L烧瓶）　3—螺旋夹　4—小玻杯及棒状玻塞　5—反应室　6—反应室外层　7—橡皮管及螺旋夹　8—冷凝管　9—蒸馏液接收瓶

四、操作方法

1. 凯氏定氮法

（1）样品的采集制备　称取充分混匀的固体试样0.2~2g、半固体试样2~5g或液体试样10~25g（相当于30~40mg氮），精确至0.001g，移入干燥的100mL、250mL或500mL定氮瓶中，加入0.4g硫酸铜、6g硫酸钾及20mL硫酸，轻摇后于瓶口放一小漏斗，将瓶以45℃斜支于有小孔的石棉网上。小心加热，待内容物全部炭化，泡沫完全停止后，加强火力，并保持瓶内液体微沸，至液体呈蓝绿色并澄清透明后，再继续加热0.5~1h。取下放冷，小心加入20mL水，放冷后，移入100mL容量瓶中，并用少量水洗定氮瓶，洗液并入容量瓶中，再加水至刻度，混匀备用。同时做试剂空白试验。

（2）样品的测定　按图2-1装好定氮蒸馏装置，向水蒸气发生器内装水至2/3处，加入数粒玻璃珠，加甲基红乙醇溶液数滴及数毫升硫酸，以保持水呈酸性，加热煮沸水蒸气发生器内的水并保持沸腾。向接受瓶内加入10.0mL硼酸溶液及1~2滴A混合指示液或B混合指示液，并使冷凝管下端插入液面下，根据试样中氮含量，准确吸取2.0~10.0mL试样处理液由小玻杯注入反应室，以10mL水洗涤小玻杯并使之流入反应室内，随后塞紧棒状玻塞。将10.0mL氢氧化钠溶液倒入小玻杯，提起玻塞使其缓缓流入反应室，立即将玻塞盖紧，并水封。夹紧螺旋夹，开始蒸馏。蒸馏10min后移动蒸馏液接收瓶，液面离开冷凝管下端，再蒸馏1min。然后用少量水冲洗冷凝管下端外部，取下蒸馏液接收瓶。尽快以硫酸或盐酸标准滴定溶液滴定至终点，如用A混合指示液，终点颜色为灰蓝色；如用B混合指示液，终点颜色为浅灰红色。同时做试剂空白。

2. 自动凯氏定氮仪法

称取充分混匀的固体试样0.2~2g、半固体试样2~5g或液体试样10~25g（相当于30~40mg氮），精确至0.001g，至消化管中，再加入0.4g硫酸铜、6g硫酸钾及20mL硫酸于消化炉进行消化。当消化炉温度达到420℃之后，继续消化1h，此时消化管中的液体呈绿色透明状，取出冷却后加入50mL水，于自动凯氏定氮仪（使用前加入氢氧化钠溶液，盐酸或硫酸标准溶液以及含有混合指示剂A或B的硼酸溶液）上实现自动加液、蒸馏、滴定和记录滴定数据的过程。

五、数据处理

试样中蛋白质的含量按式（2-3）计算：

$$X=\frac{(V_1-V_2)\times c\times 0.0140}{m\times V_3/100}\times F\times 100 \qquad (2-3)$$

式中　X——试样中蛋白质的含量，g/100g；

V_1——试液消耗硫酸或盐酸标准滴定液的体积，mL；

V_2——试剂空白消耗硫酸或盐酸标准滴定液的体积，mL；

c——硫酸或盐酸标准滴定液浓度，mol/L；

0.0140——1.0mL硫酸[c（$\frac{1}{2}H_2SO_4$）=1.000mol/L]或盐酸[c（HCl）=1.000mol/L]标准滴定溶液相当的氮的质量，g；

m——试样的质量，g；

V_3——吸取消化液的体积，mL；

F——氮换算为蛋白质的系数；

100——换算系数。

蛋白质含量≥1g/100g时，结果保留三位有效数字；蛋白质含量<1g/100g时，结果保留两位有效数字。当只检测氮含量时，不需要乘蛋白质换算系数F。在重复条件下获得的两次独立测定结果的绝对差值不得超过算术平均值的10%。

任务四 鲜乳中抗生素残留量的测定

一、任务目标

（1）掌握微生物检测法测定鲜乳中抗生素残留量。

（2）了解乳品中抗生素残留的现状、原因及危害。

（3）培养环境保护意识和社会责任感，坚守食品安全底线，践行健康中国战略。

二、工作原理

目前国内外用于检测乳及乳制品中残留抗生素的方法很多，按照检测原理和使用的仪器可分为：微生物检测法、理化检测法和免疫检测法等。

微生物检测法是较为广泛应用的经典方法，测定原理是根据抗生素对微生物的生理机能、代谢的抑制作用，对样品中抗生素残留进行定性或定量检测。其优点是操作简单、可靠，费用低，无需高级实验设备，一般实验室及养殖场都能使用；缺点是因含有微生物的培养过程，所以检测时间相对较长。微生物检测法主要有氯化三苯基四氮唑法（TTC法）、嗜热脂肪芽孢杆菌纸片法（BSDA法）、纸片法（PD法）及拭子法（SWAB法）等。

理化检测法是根据抗生素分子理化性质对其进行分离和检测的方法，如色谱法、荧光法、毛细管电泳、色谱质谱联用技术等。理化检测方法分离速度快、效率高和自动化程度高，能检测抗生素的具体含量，敏感性较高，结果准确，但待检样品需经一系列的预处理，烦琐费时，还必须有相应的价格昂贵的仪器设备。一般在大型实验室使用，适合于精确测定。

免疫检测法是以抗原或半抗原和抗体特异性结合为抗原-抗体复合物的免疫反应为基础的免疫学技术。这种检测方法可以具体分析是哪种抗生素，因为抗体除了可以针对某类抗生素所共有的结构产生特异性抗体外，也可以针对共有结构上的不同修饰基团而产生特异性抗体。免疫分析技术最突出的优点是操作简单、速度快、分析成本低。另外，有些抗生素，如磺胺类抗生素采用微生物检测方法缺乏灵敏度和特异性，所以只有用免疫检测法才能实现对其快速检测。免疫学快速检测是基于抗原-抗体特异性反应的检测方法，一般可分为放射免疫分析、酶免疫分析、荧光免疫分析、发光免疫分析、胶体金免疫分析、仪器免疫分析和无标记免疫分析等。

本任务参照GB/T 4789.27—2008《食品卫生微生物学检验 鲜乳中抗生素残留检验》中的第一法：嗜热链球菌抑制法操作。本法适用于能杀灭嗜热乳酸链球菌的各种常用抗生素的检验。

三、试剂仪器

1. 菌种和试剂

（1）嗜热乳酸链球菌。

（2）4%的2, 3, 5-氯化三苯基四氮唑（TTC）水溶液 称取1g TTC，溶于5mL灭菌蒸馏水中，装褐色瓶内于2~5℃冰箱保存，临用时用灭菌蒸馏水稀释至5倍。如遇溶液变为淡褐色，则不能再用。

2. 仪器

（1）1mL，10mL无菌吸管。

（2）冰箱。

（3）恒温培养箱 （36±1）℃。

（4）台式高压蒸汽灭菌锅。

（5）带盖恒温水浴锅。

（6）电子天平。

（7）18mm×180mm无菌试管。

（8）试管架。

（9）温度计 0~100℃。

四、操作方法

1. 样品的采集制备

将脱脂鲜乳经113℃台式高压蒸汽灭菌锅灭菌20min备用。

（1）活化菌种 取嗜热乳酸链球菌，接种在9mL灭菌脱脂鲜乳中，（36±1）℃恒温培养12～15h，置于2～5℃冰箱内保存备用，每15d转接一次。

（2）测试菌液 将经活化的嗜热乳酸链球菌接种灭菌脱脂鲜乳，（36±1）℃培养（15±1）h，加入同体积的灭菌脱脂鲜乳混匀稀释成为测试菌液。

2. 样品的测定

吸取鲜乳样品9mL，置于18mm×180mm无菌试管中，将其放入（80±2）℃水浴加热5min，冷却至37℃以下，加入1mL嗜热乳酸链球菌菌液，轻轻旋转试管混匀，（36±1）℃水浴培养2h。然后加入4% TTC水溶液0.3mL，振荡试管混匀，（36±1）℃水浴培养30min。观察颜色变化，如果颜色没有变化，于（36±1）℃水浴继续培养30min，再进行观察。观察要迅速，避免光照干扰。

同时做平行试验。

五、检测结论

（1）鲜乳检样呈乳的原色为抗生素残留阳性，表明样品中抗生素浓度高于检测限。

（2）鲜乳检样显红色为抗生素残留阴性，表明样品中不含抗生素或其浓度低于检测限。

任务五　乳饮料中可溶性固形物的测定

一、任务目标

GB/T 12143—2008

（1）掌握乳饮料中可溶性固形物含量的测定原理及步骤。

（2）掌握GB/T 12143—2008《饮料通用分析方法》中的基本操作技能。

（3）通过可溶性固形物含量的测定，培养学生实验过程中的科学探究能力，树立食品安全责任意识。

二、工作原理

在20℃用折射仪测量待测样液的折射率，从折射仪上直接读出可溶性固形物含量。

三、仪器

实验室常用仪器以及下列仪器。

（1）阿贝折射仪或其他折射仪　测量范围0～80%，精确度±0.1%。

（2）组织捣碎机。

四、操作方法

1. 试液的制备

将乳饮料试样充分混匀，直接测定。

2. 分析步骤

测定前按说明书校正折射仪，以阿贝折射仪为例。

（1）分开折射仪两面棱镜，用脱脂棉蘸乙醚或乙醇擦净。

（2）用末端熔圆之玻璃棒蘸取试液2～3滴，滴于折射仪棱镜面中央（注意勿使玻璃棒触及镜面）。

（3）迅速闭合棱镜，静置1min，使试液均匀无气泡，并充满视野。

（4）对准光源，通过目镜观察接物镜。调节指示规，使视野分成明暗两部，再旋转微调螺旋，使明暗界限清晰，并使其分界线恰在接物镜的十字交叉点上。读取目镜视野中的百分数或折射率，并记录棱镜温度。

五、数据处理

如目镜读数标尺刻度为百分数，即为可溶性固形物含量（%）；如目镜读数标尺为折射率，可换算为可溶性固形物含量（%）。

同一样品两次测定值之差，不应大于0.5%。取两次测定的算术平均值作为结果，精确到小数点后一位。

任务六　乳及乳制品中非脂乳固体的测定

一、任务目标

（1）掌握乳及乳制品中非脂乳固体的测定原理及步骤。

（2）掌握GB 5413.39—2010、GB 5009.6—2016、GB 5009.8—2023中的基本操作技能。

（3）培养能用科学合理有效的方法去了解和解决客观世界中存在问题的能力。

二、工作原理

本任务参照GB 5413.39—2010《食品安全国家标准　乳和乳制品中非脂乳固体的测定》。先分别测定出乳及乳制品中的总固体含量、脂肪含量（如添加了蔗糖等非乳成分含量，也应扣除），再用总固体减去脂肪和蔗糖等非乳成分含量，即为非脂乳固体。

GB 5413.39—2010

三、试剂仪器

1. 试剂

除非另有规定，本方法所用试剂均为分析纯，水为GB/T 6682—2008规定的三级水。

2. 仪器

（1）平底皿盒　高20 ~ 25mm，直径50 ~ 70mm的带盖不锈钢或铝皿盒，或玻璃称量皿。

（2）短玻璃棒　适合于皿盒的直径，可斜放在皿盒内，不影响盖盖。

（3）石英砂或海砂　可通过500μm孔径的筛子，不能通过180μm孔径的筛子。并通过下列适用性测试：将约20g的海砂同短玻璃棒一起放于一皿盒中，然后敞盖在（100 ± 2）℃的干燥箱中至少烘2h。把皿盒盖盖后放入干燥器中冷却至室温后称量，准确至0.1mg。用5mL水将海砂润湿，用短玻璃棒混合海砂和水，将其再次放入干燥箱中干燥4h。把皿盒盖盖后放入干燥器中冷却至室温后称量，精确至0.1mg，两次称量的差不应超过0.5mg。如果两次称量的质量差超过了0.5mg，则需对海砂进行以下处理，才能使用。

将海砂在体积分数为25%的盐酸溶液中浸泡3d，经常搅拌。尽可能地倾出上清液，用水洗涤海砂，直到中性。在160℃条件下加热海砂4h。然后重复进行适用性测试。

（4）天平　感量为0.1mg。

（5）干燥箱。

（6）水浴锅。

四、操作方法

总固体的测定：在平底皿盒中加入20g石英砂或海砂，在（100±2）℃的干燥箱中干燥2h，于干燥器冷却0.5h，称量，并反复干燥至恒重。称取5.0g（精确至0.0001g）试样于恒重的皿内，置水浴上蒸干，擦去皿外的水渍，于（100±2）℃干燥箱中干燥3h，取出放入干燥器中冷却0.5h，称量，再于（100±2）℃干燥箱中干燥1h，取出冷却后称量，至前后两次质量相差不超过1.0mg。试样中总固体的含量按式（2–4）计算：

$$X=\frac{m_1-m_2}{m}\times 100 \qquad (2-4)$$

式中　X——试样中总固体的含量，g/100g；

m_1——皿盒、海砂加试样干燥后的质量，g；

m_2——皿盒、海砂的质量，g；

m——试样的质量，g。

脂肪的测定按照GB 5009.6—2016《食品安全国家标准　食品中脂肪的测定》。

蔗糖的测定按照GB 5009.8—2023《食品安全国家标准　食品中果糖、葡萄糖、蔗糖、麦芽糖、乳糖的测定》。

五、数据处理

试样中非脂乳固体含量按式（2–5）计算：

$$X_{NFT}=X-X_1-X_2 \qquad (2-5)$$

式中　X_{NFT}——试样中非脂乳固体的含量，g/100g；

X——试样中总固体的含量，g/100g；

X_1——试样中脂肪的含量，g/100g；

X_2——试样中蔗糖的含量，g/100g。

以重复性条件下获得的两次独立测定结果的算术平均值表示，结果保留三位有效数字。

知识链接

一、乳及乳制品概述

乳及乳制品是多种营养素的混合物，成分复杂，主要有水、脂肪、蛋白质、乳糖、矿物质、维生素和酶类。正常牛乳的化学成分大致稳定，但受乳牛品种、畜龄、泌乳期、健康状况以及饲料、季节、气温等因素的影响而略有差异。一般牛乳的主要成分为水分87.5%，乳固体12.5%（其中蛋白质3.4%，脂肪3.7%，乳糖4.7%，矿物质0.7%）。

1. 乳及乳制品种类

以牛乳为原料可以制造多种食品。主要的乳制品有消毒牛乳、炼乳、乳粉、酸乳制品、干酪、奶油和冰淇淋等。

2. 乳及乳制品发展趋势

（1）用无菌包装的超高温灭菌乳（不需冷藏，保存期半年）逐渐取代传统的巴氏消毒乳。

（2）增加酸乳的花色品种，其中双歧杆菌乳在改进和发展中。

（3）婴儿配方乳粉的产量和品种正在不断地增长，以适合不同月龄婴儿营养的需要。

（4）用乳糖酶处理鲜乳，使乳糖部分分解，以适合乳糖不耐受患者的需要。

（5）采用反渗透预浓缩，对于干酪的生产，既可以提高产率，减少凝乳酶用量，又可节省设备投资。超滤可使乳清脱盐，所以可进一步生产脱盐乳清的浓缩制品及生产低盐、低乳糖的乳制品。

（6）真空蒸发器趋向采用机械压缩的技术，以减少蒸发器的效数，节能效果相似，但投资减少。

（7）用海藻酸钠或羧甲基纤维素（CMC）等代替明胶，作为冰淇淋中的稳定剂，可缩短成熟期。

（8）喷雾干燥机已发展到三级干燥，既节约能源，又增加产量。

（9）用于乳品的常规化学分析或是微生物检验、快速测试的方法在不断地发展之中。

二、乳及乳制品原辅材料

乳及乳制品的生产要求不得使用非食用性原辅材料生产食品。所购原辅材料、包装材料要有检验报告或质量合格证明，且检验或验证的手续及记录齐全。采购原料时，要查验其生产许可证。食品标签标识要符合要求。白糖、香精、稳定剂等辅料必须选用获得生产许可企业生产的产品，要有随货同行的同批次产品的出厂检验报告或质检部门监督抽验报告单。原料乳的颜色和气味必须正常，酸度不超过18°T，含脂率不低于3%，非脂乳固体不低于8.1%，细菌数不超过100万个/mL。

1. 原料验收、预处理、杀菌和均质

乳及乳制品的生产工艺各不相同，但大多数原料都需要经过原料验收、预处理、杀菌和均质。

（1）原料验收　首先对颜色、气味、外观做感官评定，其后测量相对密度、酸度，进行酒精试验。设备先进的工厂备有专用仪器，可在数十秒内测出脂肪、蛋白质、乳糖的含量。

（2）预处理　包括过滤或离心净乳、冷却和标准化。

（3）杀菌　采用加热的方式杀死乳中的微生物，以保证食品安全卫生。

（4）均质　借机械作用，使脂肪球分裂得更小，可延缓脂肪上浮，增强乳脂肪香味，更有利于消化吸收。

2. 微生物污染对乳及乳制品质量的影响

微生物的污染是引起乳及乳制品变质的重要原因。在乳及乳制品加工过程中的各个环节，如灭菌、过滤、浓缩、发酵、干燥、包装等，都可能因为不按操作规程生产加工而造成微生物污染。所以在乳及乳制品的加工过程中，对所有接触到乳及乳制品的容器、设备、管道、工具、包装材料等都要进行彻底的灭菌，防止微生物的污染，以保证产品质量。

3. 乳及乳制品不能检出三聚氰胺及抗生素残留成分

三聚氰胺俗称密胺，是一种三嗪类含氮杂环有机化合物，一种低毒性的化工原料。它是白色单斜晶体，几乎无味，微溶于水，可溶于甲醇、甲醛、乙酸等，不溶于丙酮、醚类，对身体有害，不可用于食品加工。长期摄入三聚氰胺会造成生殖、泌尿系统的损害，膀胱、肾部结石，并可进一步诱发膀胱癌。

乳制品中残留的抗生素主要为青霉素类药物和磺胺类药物。不规范使用抗生素或使用违禁、已淘汰的抗生素造成的残留超标，可造成药物积累，当其达到一定浓度后，就会对人体产生毒副作用。

三、乳及乳制品检测指标

（1）巴氏杀菌乳参照GB 19645—2010《食品安全国家标准　巴氏杀菌乳》，见表2-1，表2-2。

表 2-1　感官要求

项目	要求	检验方法
色泽	呈乳白色或微黄色	取适量试样置于50mL烧杯中，在自然光下观察色泽和组织状态。闻其气味，用温开水漱口，品尝滋味
滋味、气味	具有乳固有的香味，无异味	
组织状态	呈均匀一致液体，无凝块、无沉淀、无正常视力可见异物	

表2-2　理化指标

项目		指标	检验方法
脂肪*/(g/100g)	≥	3.1	GB 5009.6—2016
蛋白质/(g/100g)			
牛乳	≥	2.9	GB 5009.5—2016
羊乳	≥	2.8	
非脂乳固体/(g/100g)	≥	8.1	GB 5413.39—2010
酸度/°T			
牛乳		12～18	GB 5009.239—2016
羊乳		6～13	

注：*仅适用于全脂巴氏杀菌乳。

（2）发酵乳参照GB 19302—2010《食品安全国家标准　发酵乳》，见表2-3，表2-4。

表 2-3　感官要求

项目	发酵乳	风味发酵乳	检验方法
色泽	色泽均匀一致，呈乳白色或微黄色	具有与添加成分相符的色泽	取适量试样置于50mL烧杯中，在自然光下观察色泽和组织状态。闻其气味，用温开水漱口，品尝滋味
滋味、气味	具有发酵乳特有的滋味、气味	具有与添加成分相符的滋味和气味	
组织状态	组织细腻、均匀，允许有少量乳清析出；风味发酵乳具有添加成分特有的组织状态		

表 2-4　理化指标

项目		发酵乳	风味发酵乳	检验方法
脂肪*/(g/100g)	≥	3.1	2.5	同巴氏杀菌乳
非脂乳固体/(g/100g)	≥	8.1	—	
蛋白质/(g/100g)	≥	2.9	2.3	
酸度/°T	≥	70.0		

注：*仅适用于全脂产品。

（3）灭菌乳参照GB 25190—2010《食品安全国家标准　灭菌乳》，见表2-5，表2-6。

表2-5　感官要求

项目	要求	检验方法
色泽	呈乳白色或微黄色	取适量试样置于50mL烧杯中，在自然光下观察色泽和组织状态。闻其气味，用温开水漱口，品尝滋味
滋味、气味	具有乳固有的香味，无异味	
组织状态	呈均匀一致液体，无凝块、无沉淀、无正常视力可见异物	

表2-6　理化指标

项目		指标	检验方法
脂肪*/(g/100g)	≥	3.1	同巴氏杀菌乳
蛋白质/(g/100g)			
牛乳	≥	2.9	
羊乳	≥	2.8	
非脂乳固体/(g/100g)	≥	8.1	
酸度/°T			
牛乳		12~8	
羊乳		6~13	

注：*仅适用于全脂灭菌乳。

（4）乳粉参照GB 19644—2024《食品安全国家标准　乳粉和调制乳粉》，见表2-7，表2-8。

表2-7　感官要求

项目	乳粉	调制乳粉	检验方法
色泽	呈均匀一致的乳白色或乳黄色	具有应有的色泽	取适量试样置于干燥、洁净的白色盘（瓷盘或同类容器）中，在自然光下观察色泽和组织状态。冲调后，嗅其气味，用温开水漱口，品尝滋味
滋味、气味	具有固有的乳滋味、气味	具有应有的滋味、气味	
组织状态	干燥均匀的粉末		

表2-8　理化指标

项目		乳粉	调制乳粉	检验方法
蛋白质/(g/100g)	≥	非脂乳固体[1]的34%	16.5	同巴氏杀菌乳
脂肪[2]/(g/100g)	≥	26.0	—	

续表

项目		乳粉	调制乳粉	检验方法
复原乳酸度/°T 牛乳 羊乳	≤	 18 7~14	 — —	同巴氏杀菌乳
杂质度/(mg/kg)	≤	16	—	GB 5413.30—2016
水分/(g/100g)	≤	5.0	—	GB 5009.3—2016

（5）调制乳参照GB 25191—2010《食品安全国家标准　调制乳》见表2-9，表2-10。

表2-9　感官要求

项目	要求	检验方法
色泽	呈调制乳应有的色泽	取适量试样置于50mL烧杯中，在自然光下观察色泽和组织状态。闻其气味，用温开水漱口，品尝滋味
滋味、气味	具有调制乳应有的香味，无异味	
组织状态	呈均匀一致液体，无凝块、可有与配方相符的辅料的沉淀物、无正常视力可见异物	

表2-10　理化指标

项目		指标	检验方法
脂肪*/(g/100g)	≥	2.5	同巴氏杀菌乳
蛋白质/(g/100g)	≥	2.3	

注：*仅适用于全脂产品。

（6）乳及乳制品卫生指标及要求，见表2-11。

表2-11　乳及乳制品卫生指标及要求

检测项目	检测方法	依据标准	指标
菌落总数	菌落总数平板计数法	GB 4789.2—2022	生鲜牛乳≤500000CFU/g，巴氏杀菌乳≤30000CFU/g，灭菌乳≤10CFU/g，含乳蛋白冷冻饮品≤25000CFU/g

续表

检测项目	检测方法	依据标准	指标
大肠菌群	大肠菌群MPN计数法	GB 4789.3—2016	巴氏杀菌乳≤90MPN/100g，灭菌乳≤3MPN/100g，酸牛乳≤90MPN/100g，干酪≤90MPN/100g
霉菌	平板计数法	GB 4789.15—2016	干酪≤50CFU/g
沙门氏菌	增菌培养鉴定法	GB 4789.4—2024	巴氏杀菌乳不得检出，酸牛乳不得检出，干酪不得检出，雪糕、雪泥不得检出
志贺氏菌	增菌分离生化试验法	GB 4789.5—2012	酸牛乳不得检出，雪糕、雪泥不得检出
金黄色葡萄球菌	平板计数法	GB 4789.10—2016	巴氏杀菌乳不得检出，酸牛乳不得检出，干酪不得检出，雪糕、雪泥不得检出
β型溶血性链球菌	培养与酶试验法	GB 4789.11—2014	酸牛乳不得检出

拓展阅读 食品添加剂相关知识

一、食品添加剂的种类

食品添加剂是指为改善食品品质和色、香、味以及为防腐、保鲜和加工工艺的需要而加入食品中的人工合成或者天然物质。这些物质本身不作为食用目的，也不一定有营养价值。

二、食品添加剂的安全使用和管理

开展健康中国行动，为了确保食品添加剂的食用安全，使用食品添加剂应该遵循以下原则。

（1）经过规定的食品毒理学安全评价程序的评价，证明在使用限量内长期使用对人体安全无害。

（2）不影响食品感官性质和原味，对食品营养成分不应有破坏作用。

（3）食品添加剂应有严格的质量标准，其有害杂质不得超过允许限量。

（4）不得由于使用食品添加剂而降低良好的加工措施和卫生要求。

（5）不得使用食品添加剂掩盖食品的缺陷或作为伪造的手段。

三、评价食品添加剂安全性指标

1. ADI

ADI为每日允许摄入量，是指人一生连续摄入某物质而不致影响健康的每日最大摄入量，以每千克体重摄入的毫克数表示，单位是mg/kg。对小动物（大鼠、小鼠等）进行近乎一生的毒性试验，取得MNL（动物最大无作用量），其1/100～1/500即为ADI。中国在制定产品生产标准和卫生标准时，对此有规定，经过测算，每人每天的食品中所含食品添加剂的量，一般不会超过ADI。只要按照标准生产、使用食品添加剂，就不会危及人的安全。

2. LD_{50}

LD_{50}即半数致死量，亦称致死中量，是粗略衡量急性毒性高低的一个指标。一般指能使一群被试验动物中毒而死亡一半时所需的最低剂量，其单位是mg/kg。不同动物和不同的给予方式对同一受试物质的LD_{50}均不相同，有时差异甚大。试验食品添加剂的LD_{50}，主要是经口的半数致死量。一般认为，对多种动物毒性低的物质，对人的毒性亦低，反之亦然。

四、常见的食品添加剂

1. 甜味剂

甜味剂指赋予食品以甜味的物质，主要有以下几种。

（1）糖精钠　糖精是应用较为广泛的人工甜味剂，难溶于水，故生产中常用糖精钠。糖精钠水溶性好，在酸性条件下溶于乙醚，热稳定性比糖精好，甜度为蔗糖的200～700倍。糖精ADI为0～2.5mg/kg。婴幼儿食品、病人食品、主食中禁用。果酒、露酒、黄酒、啤酒、白酒、肉类、水产类、水果蔬菜类罐头中禁止使用糖精。

（2）阿斯巴甜　即天门冬酰苯丙氨酸甲酯，是天门冬氨酸与苯丙氨酸组成的二肽甜味剂，甜度是蔗糖的180～200倍。添加阿斯巴甜的食品应标明“阿斯巴甜（含苯丙氨酸）”。

（3）阿力甜　是一种以L-天冬氨酸和D-丙氨酸组成的二肽酰胺，甜度比蔗糖高2000～2900倍，比糖精高2～7倍，比甜蜜素高50倍。

（4）甜蜜素　即环己基氨基磺酸钠，白色粉末，溶于水，对热、光、空气、碱稳定，甜度为蔗糖的30倍。

（5）甜菊糖苷　从甜叶菊中提取，可用于糖尿病人，甜度为蔗糖的200～300倍。

2. 防腐剂

防腐剂是能防止食品腐败变质、能延长食品贮存期的物质。常用的防腐剂有苯甲酸、苯甲酸钠、山梨酸、山梨酸钾、EDTA二钠、亚硝酸钠、丙酸及其盐、乳酸链球菌素。新开发的防腐剂有果胶分解产物、香辛料提取物、琼脂低聚糖、甜菜碱、水杨酸、葡萄糖氧化酶、溶菌酶、鱼精蛋白等。禁用的防腐剂有甲醛、硼酸、β-萘酚、焦碳酸二乙酯等。

（1）苯甲酸（钠） 又名安息香酸，为白色有荧光的鳞片或针状结晶，微溶于水，使用不便，实际生产多用其钠盐。苯甲酸钠易溶于水和乙醇，难溶于有机溶剂，与酸作用生成苯甲酸。苯甲酸及其钠盐主要用于酸性食品的防腐，在pH2.5～4其抑菌作用较强，当pH＞5.5时，抑菌效果明显减弱。对霉菌和酵母菌效果甚差。苯甲酸进入人体后，大部分与甘氨酸结合形成马尿酸，其余部分与葡萄糖醛酸结合生成苯甲酸葡萄糖醛酸苷从尿中排出，不在人体积累。苯甲酸的毒性较小。

（2）山梨酸（钾） 又名花楸酸，无色、无臭的针状结晶，难溶于水。山梨酸钾易溶于水，难溶于有机溶剂，与酸作用生成山梨酸，比苯甲酸更安全。

3. 食用着色剂

为了弥补食品中本来特有的色泽在加工、贮藏中的损失，使其尽可能恢复至原来的颜色，除采取一定护色措施外，往往还得添加一定量的食用着色剂，进行着色。这些靓丽的色泽能促进人的食欲，给人以美感，增加消化液的分泌。在各种花色蛋糕、冰棒、糖果、果脯、饮料、色酒、果酱、罐头中都有着色剂。目前，在食品行业中使用单元着色剂已较少，需使用复合着色剂方可达到较满意的色泽，因而给分析测定带来了一定困难，可参照GB 5009.35—2023《食品安全国家标准　食品中合成着色剂的测定》。

食用着色剂就来源可分为天然着色剂及人工合成着色剂两大类。

（1）天然着色剂 天然着色剂是从一些动、植物组织中提取的，目前我国开发有80余种，如红曲米粉、辣椒红、辣椒黄、姜黄、叶绿素铜钠盐、虫胶、番茄红素、红花黄、高粱红、栀子黄、焦糖色、胡萝卜素及黄酮类着色剂等。

①四吡咯类着色剂包括血红素、叶绿素和叶绿素铜钠等。我国现许可使用叶绿素铜钠，为叶绿素的衍生物，ADI为0～15mg/kg，用于配制酒、糖果、蔬菜罐头、果冻、冰淇淋、冰棍、糕点上的裱花、雪糕、饼干，最大使用量0.5g/kg。

②异戊二烯类衍生物包括β-胡萝卜素、栀子黄、辣椒红。

③花青苷类衍生物（多酚类）是一类水溶性着色剂，广泛分布于植物界，

并且是花、叶、茎和果实等美丽色彩的主要成分，由糖和花色素苷配基组成。我国许可使用的花色苷如甜菜红、玫瑰茄红、葡萄皮红、越橘红、萝卜红、甘薯红、黑豆红和桑葚红等。

④黄酮类着色剂是多酚类衍生物中另一类水溶性着色剂，同样以糖苷的形式广泛分布于植物界。这类着色剂的稳定性较好，但也受分子中羟基数和结合位置的影响。酮类衍生物中包括姜黄和姜黄素、红曲米和红曲色素、可可壳。

天然着色剂优点：安全性相对高，有的有营养价值。

天然着色剂缺点：稳定性差，着色能力差，难以调出任意的色泽，且资源较短缺，目前还不能满足食品工业的需要。

（2）合成着色剂　合成着色剂是用有机物合成的，主要来源于煤焦油及其副产品。合成着色剂具有稳定性好、色泽鲜艳、附着力强、能调出任意色泽等优点，因而得到广泛应用，但由于其具有一定的毒性，使用范围及用量须加以限制。允许使用的合成着色剂有苋菜红、胭脂红、赤藓红、柑橘黄、柠檬黄、日落黄、靛蓝、亮蓝等。

4. 抗氧化剂

抗氧化剂可防止或延缓油脂食品成分氧化分解、变质，提高食品的稳定性。抗氧化剂按溶解性可分为油溶性和水溶性两大类，油溶性合成抗氧化剂：丁基羟基茴香醚（BHA）、二丁基羟基甲苯（BHT）、没食子酸丙酯（PG）、特丁基对苯二酚（TBHQ）；水溶性合成抗氧化剂：L-抗坏血酸（维生素C）及其钠盐、异抗坏血酸及其钠盐。天然抗氧化剂：生育酚（维生素E）、茶多酚等。

5. 乳化剂

乳化剂是能改善乳化体中各种构成相之间的表面张力，形成均匀分散体或乳化体的物质。它们对食品的“形”和“质”及食品加工工艺性能起着重要作用。乳化剂的主要品种有单甘油酯、山梨醇脂肪酸酯、蔗糖脂肪酸酯、大豆卵磷脂、丙二醇酯等，在面包、糕点、糖果、饮料等食品中使用。

6. 增稠剂

增稠剂是一类能提高食品黏稠度或形成凝胶，从而改变食品的物理性状，赋予食品黏润、适宜的口感，并兼有乳化、稳定或使呈悬浮状态作用的物质。一般属于亲水性高分子化合物，可水化而形成高黏度的均相液，故常称作水溶胶、亲水胶或食用胶。在一定条件下，它们可起到增稠剂、稳定剂、悬浮剂、胶凝剂、成膜剂、充气剂、乳化剂、润滑剂、组织改进剂和结构改进剂等的作用。目前国内外常用的动物来源增稠剂有明胶、酪蛋白酸钠（又名酪朊酸钠）等；微生物来源的增稠剂有黄原胶、β-环糊精等；植物及海藻来源的增稠剂有阿拉伯胶（又名金合欢胶）、罗望子多糖胶、田菁胶、琼脂（又名琼胶、冻粉或洋菜）、海藻酸钠（又名藻朊酸钠或藻酸钠）、海藻酸丙二醇酯、卡拉胶（又名鹿角藻胶、角叉胶）、果胶、麦芽糊精、羧甲基纤维素钠（CMC−Na）、羧甲基淀粉钠（CMS−Na）、淀粉、磷酸酯钠和羟丙基淀粉等。

思考练习

1. 测定食品中蛋白质含量的仲裁方法是什么？
2. 生产乳粉所使用的原料乳中乳脂肪含量的国家标准规定为多少？
3. 测定牛乳中脂肪含量的基准方法是什么？
4. 定量分析通常可分为哪两大类？
5. 原乳感官评价时的温度一般是多少度？
6. 简述正确采样的意义。
7. 乳及乳制品中抗生素的残留会对人体产生哪些毒副作用？
8. 食品检验的基本步骤有哪些？
9. 在乳品工业中，可以用什么方法测定牛乳中乳糖的质量分数？
10. 阿贝折射仪的折射率测定范围为多少？
11. 为什么凯氏定氮法测定出的食品中蛋白质含量为粗蛋白含量？
12. 常量凯氏定氮的原理是什么？怎样进行样品的处理？
13. 哪些牛乳不适宜于超高温处理？
14. 巴氏消毒乳采用涂塑复合纸袋包装，其容器具有哪些特点？
15. 食品添加剂的定义、分类及主要作用有哪些？
16. 食品添加剂与食品工业的关系如何？
17. 食品添加剂应符合哪些基本要求？
18. 凯氏定氮法是如何进行“定氮”的？
19. 凯氏定氮法测定蛋白质含量的优缺点是什么？

项目三 焙烤食品检测

任务一 糕点中水分的测定

一、任务目标

（1）掌握糕点中的水分测定的原理。

（2）掌握食品化学检测技术——直接干燥法。

（3）培养严谨的实验态度和精确的数据分析能力，同时强化食品质量与安全意识，树立对食品行业负责的态度。

二、工作原理

食品中的水分一般是指食品在100℃左右直接干燥的情况下，所失去物质的总量。直接干燥法适用于在95~105℃，不含或含其他挥发性物质甚微的食品。

从糕点生产的工艺流程中可以知道，水是原料中不可缺少的组成成分，而且制成品中水分的含量是关系到糕点品质的保持性和糕点稳定性的主要因素。因此水分含量是评价糕点质量的重要指标之一。目前测定糕点中的水分常采用重量法中的直接干燥法。该法的优点是操作简便，应用范围较广，缺点是费时较长。

三、仪器

（1）电热恒温干燥箱。

（2）干燥器（变色硅胶） 变色硅胶是蓝色颗粒硅胶，吸水后会变成红色。原理是将氯化钴通过一定的工艺步骤结合在硅胶内部孔隙的表面上。氯化钴受潮后蓝色会变成红色，这样就容易识别干燥剂是否吸湿。

（3）电子分析天平。

（4）称量瓶。

（5）研钵。

（6）广口瓶。

四、操作方法

1. 样品的采集制备

在产品库中抽取样品250g，对于单位质量超过250g的样品，应取1块或1袋，每块取1/4～1/3，然后在研钵中研碎（必要时可先用刀切），混匀后置广口瓶备用。

2. 样品的测定

立即称取切碎或磨细的样品加入称量瓶中，样品厚度约为5mm，加盖，精密称量后置95～105℃干燥箱中，瓶盖斜支于瓶边，干燥2～4h后称量，然后再放入95～105℃干燥箱中，干燥1h左右取出，放入干燥器中冷却0.5h称量，至前后两次质量差不超过2mg，即为恒重。

五、数据处理

糕点中水分的质量分数可按式（3–1）计算：

$$w = \frac{m_1 - m_2}{m} \times 100\% \qquad (3-1)$$

式中　w——水的质量分数，%；

m_1——称量瓶+干燥前样品的质量，g；

m_2——称量瓶+干燥后样品的质量，g；

m——样品的质量，g。

任务二　糕点中蔗糖的测定

一、任务目标

（1）掌握糕点中蔗糖的测定原理及步骤。

（2）准确测定糕点样品中的蔗糖含量，结果误差控制在标准规定范围内，为产品质量控制和研发提供可靠数据支持。

（3）在实验过程中，强调食品安全的重要性，培养食品安全意识和责任感，树立对公众健康负责的态度。

二、工作原理

本任务参照GB 5009.8—2023《食品安全国家标准　食品中果糖、葡萄糖、蔗糖、麦芽糖、乳糖的测定》第二法：离子色谱法。试样中的蔗糖经提取净化后，离子色谱柱分离，脉冲安培检测器检测，外标法定量。

GB 5009.8—2023

三、试剂仪器

1. 试剂

（1）水　GB/T 6682—2008规定的一级水。

（2）氢氧化钠　色谱纯。

（3）冰乙酸。

（4）氢氧化钠溶液（200mmol/L）　称取8.00g氢氧化钠，溶于水并稀释至1000mL，混匀。

（5）乙酸溶液（3%，体积分数）　量取3mL冰乙酸，用水稀释至100mL，混匀。

（6）蔗糖（$C_{12}H_{22}O_{11}$，CAS号：57-50-1）　纯度≥99%，或经国家认证并授予标准物质证书的标准物质。

（7）混合标准储备液（10.0mg/mL）　称取经过（96±2）℃干燥2h的蔗糖1g（精确至0.001g），加水溶解后转移至100mL容量瓶中，加入2mL乙酸溶液，并用水定容至刻度。置于0~4℃密封，保存期3个月。

（8）混合标准中间液（100mg/L）　吸取1.00mL混合标准储备液（10.0mg/mL）于100mL容量瓶中，用水定容至刻度。置于0~4℃密封，保存期1个月。

（9）混合标准工作液　分别吸取0.250mL、0.500mL、1.00mL、2.00mL和2.50mL标准中间液（100mg/L）于10mL容量瓶中，用水定容至刻度，配得蔗糖质量浓度为2.50mg/L、5.00mg/L、10.0mg/L、20.0mg/L和25.0mg/L的混合标准工作液，可根据实际样品溶液的浓度适当调整标准工作液浓度。临用现配。

2. 仪器

（1）离子色谱仪　配脉冲安培检测器。

（2）样品粉碎设备　高速粉碎机。

（3）超声波清洗器。

（4）分析天平　感量为1mg。

（5）涡旋混合器。

（6）离心机　转速≥4000r/min。

（7）恒温干燥箱。

（8）恒温水浴装置。

（9）0.45μm水性滤膜针头过滤器（纤维素滤膜除外）。

（10）净化柱　C_{18}固相萃取小柱（1.0mL）或性能相当者。

（11）注射器。

四、操作方法

1. 样品的采集制备

市面上购买的糕点匀浆或粉碎均匀后备用。

2. 样品的测定

（1）试样提取　称取试样2g（精确至0.001g）于100mL比色管中，加入约50mL水，涡旋混匀，再加入2mL乙酸溶液混匀后，超声30min，转移至100mL容量瓶中并用水定容至刻度，混匀，静置20min。

（2）试样净化　试样提取溶液可根据试样中蔗糖含量稀释适当的倍数。将上述试样提取溶液或稀释溶液采用滤纸过滤或离心获取上清液后，依次过0.45μm水性滤膜针头过滤器和C_{18}固相萃取小柱（1.0mL），弃去前3mL，收集后续的洗脱液待测。C_{18}固相萃取小柱（1.0mL）使用前依次用10mL甲醇、15mL水通过，静置活化30min。

（3）仪器参考条件设置

①色谱柱：阴离子交换柱（4mm×250mm，粒径10μm，以季铵盐为功能基，聚苯乙烯/二乙烯基苯聚合物树脂作为填料）（带保护柱4mm×50mm），或性能相当者；

②流速：1.0mL/min；

③进样量：10μL；

④脉冲安培检测器：Au工作电极；糖检测波形参考条件见表3-1；

⑤淋洗液：淋洗液A为水；淋洗液B为氢氧化钠溶液（200mmol/L）；洗脱参考条件见表3-2。

表3-1　糖检测波形

时间/s	电压/V	积分	时间/s	电压/V	积分
0.00	+0.10	—	0.42	-2.00	—
0.20	+0.10	开始	0.43	+0.60	—
0.40	+0.10	结束	0.44	-0.10	—
0.41	-2.00	—	0.50	-0.10	—

表3-2　梯度洗脱条件

时间/min	淋洗液 A/%	淋洗液B/%
0	90	10
15.0	90	10
21.0	80	20
32.0	80	20
32.1	0	100
42.0	0	100
42.1	90	10
50.0	90	10

（4）标准工作曲线绘制　将混合标准工作液注入离子色谱仪，测定蔗糖的峰面积，以标准工作液中蔗糖的浓度为横坐标，峰面积为纵坐标，绘制标准工作曲线。

（5）试样溶液的测定　将试样溶液注入离子色谱仪中，根据保留时间定性，记录峰面积，根据标准工作曲线得到试样溶液中蔗糖的浓度。

（6）空白试验　除不加试样外，均按上述步骤进行。

五、数据处理

试样中蔗糖含量可按式（3-2）计算：

$$X=\frac{(\rho-\rho_0)\times V\times f}{m\times 1000\times 10} \qquad (3-2)$$

式中　X——试样中蔗糖的含量，g/100g；

ρ——由标准工作曲线计算得到的试样溶液中蔗糖的质量浓度，mg/L；

ρ_0——由标准工作曲线计算得到的空白中蔗糖的质量浓度，mg/L；

V——定容的体积，mL；

f——试样溶液稀释倍数；

1000——换算系数；

10——换算系数；

m——试样取样量，g。

任务三　糕点中大肠杆菌的测定

GB 4789.3—2016

一、任务目标

（1）掌握大肠菌群的测定原理及步骤。

（2）掌握GB 4789.3—2016《食品安全国家标准　食品微生物学检验　大肠菌群计数》中的基本操作技能。

（3）通过实验规范操作以及数据记录，培养认真、仔细的学习态度。

二、工作原理

大肠菌群在固体培养基中发酵乳糖产酸，在指示剂的作用下形成可计数的红色或紫色，带有或不带有沉淀环的菌落。

三、试剂仪器

1. 试剂

（1）月桂基硫酸盐胰蛋白胨（lauryl sulfate tryptose，LST）肉汤。

（2）煌绿乳糖胆盐（brilliant green lactose bile，BGLB）肉汤。

（3）结晶紫中性红胆盐琼脂（violet red bile agar，VRBA）。

（4）无菌磷酸盐缓冲液。

（5）无菌生理盐水。

（6）1mol/L NaOH溶液。

（7）1mol/L HCl溶液。

2. 仪器

（1）恒温培养箱　（36±1）℃。

（2）冰箱　2~5℃。

（3）恒温水浴箱　（46±1）℃。

（4）天平　感量0.1g。

（5）均质器。

（6）振荡器。

（7）无菌吸管　1mL（具0.01mL刻度）、10mL（具0.1mL刻度）或微量移液器及吸头。

（8）无菌锥形瓶　容量500mL。

（9）无菌培养皿　直径90mm。

（10）pH计或pH比色管或精密pH试纸。

（11）菌落计数器。

四、操作方法

1. 样品的稀释

称取25g样品，放入盛有225mL磷酸盐缓冲液或生理盐水的无菌均质杯内，8000~10000r/min均质1~2min，或放入盛有225mL磷酸盐缓冲液或生理盐水的无菌均质袋中，用拍击式均质器拍打1~2min，制成1：10的样品匀液。

样品匀液的pH应在6.5~7.5，必要时分别用1mol/LNaOH或1mol/LHCl调节。

用1mL无菌吸管或微量移液器吸取1：10样品匀液1mL，沿管壁缓缓注入9mL磷酸盐缓冲液或生理盐水的无菌试管中（注意吸管或吸头尖端不要触及稀释液面），振摇试管或换用1支1mL无菌吸管反复吹打，使其混合均匀，制成1：100的样品匀液。

根据对样品污染状况的估计，按上述操作，依次制成十倍递增系列稀释样品匀液。每递增稀释1次，换用1支1mL无菌吸管或吸头。从制备样品匀液至样品接种完毕，全过程不得超过15min。

2. 平板计数

选取2~3个适宜的连续稀释度，每个稀释度接种2个无菌平皿，每皿1mL。同时取1mL生理盐水加入无菌平皿作空白对照。及时将15~20mL融化并恒温至46℃的结晶紫中性红胆盐琼脂（VRBA）倾注于每个平皿中。小心旋转平皿，将培养基与样液充分混匀，待琼脂凝固后，再加3~4mLVRBA覆盖平板表层。翻转平板，置于（36±1）℃培养18~24h。

3. 平板菌落数的选择

选取菌落数在15~150CFU的平板，分别计数平板上出现的典型和可疑大肠菌群菌落（如菌落直径较典型菌落小）。典型菌落为紫红色，菌落周围有红色的胆盐沉淀环，菌落直径为0.5mm或更大，最低稀释度平板低于15CFU的记录具体菌落数。

4. 证实试验

从VRBA平板上挑取10个不同类型的典型和可疑菌落，少于10个菌落的挑取全部典型和可疑菌落。分别移种于BGLB肉汤管内，（36±1）℃培养24~48h，观察产气情况。凡BGLB肉汤管产气，即可报告为大肠菌群阳性。

五、数据处理

经最后证实为大肠菌群阳性的试管比例乘以计数的平板菌落数，再乘以稀释倍数，即为每克样品中大肠菌群数。例：10^{-4}样品稀释液1mL，在VRBA平板上有100个典型和可疑菌落，挑取其中10个接种BGLB肉汤管，证实有6个阳性管，则该样品的大肠菌群数为$100\times6/10\times10^{4}$/g（mL）=$6.0\times10^{5}$CFU/g（mL）。

若所有稀释度（包括液体样品原液）平板均无菌落生长，则以小于1乘以最低稀释倍数计算。

任务四　苏打饼干中碱度的测定

一、任务目标

（1）掌握苏打饼干中碱度的测定原理及步骤。

（2）掌握GB/T 20980—2021《饼干质量通则》中的基本操作技能。

（3）通过实验培养科学素养，增强对学习食品分析与检测技术的兴趣。

二、工作原理

GB/T 20980—2021

按测定时所用指示剂的不同，碱度又可分为酚酞碱度、酚酞后碱度及甲基橙碱度。甲基橙碱度：测定时以甲基橙为指示剂，以强酸标准溶液滴定水样，当甲基橙指示剂由黄色变为橙色时为终点，由酸标准溶液消耗的体积及酸的浓度计算碱度。

三、试剂仪器

1. 试剂

（1）盐酸标准溶液（0.05mol/L）。

（2）甲基橙指示液（0.1%）　称取甲基橙0.1g溶于70℃的蒸馏水中，冷却，稀释至100mL。

2. 仪器

（1）酸式滴定管　25mL。

（2）锥形瓶。

（3）研钵。

四、操作方法

1. 样品的采集制备

取饼干样品至少200g（精确到0.01g），置于研钵或组织捣碎机中，加入与样品等量的无二氧化碳水，用研钵研碎或用组织捣碎机捣碎，混匀成浆状后置于密闭玻璃容器内。称取10~50g试样，精确至0.001g，置于100mL烧杯中，用煮沸过的水，将烧杯中的内容物转移到250mL容量瓶中（总体积约150mL）定容至250mL，用快速滤纸过滤收集滤液用于测定。

2. 样品的测定

吸取试液50mL，置于250mL锥形瓶中，加入甲基橙指示液两滴，用盐酸标准溶液（0.05mol/L）滴定至微红色出现，记录耗用盐酸标准溶液的体积。同时用蒸馏水做空白试验。

五、数据处理

饼干的碱度以100g试样中所含碳酸钠的克数表示，可按式（3-3）计算：

$$X=\frac{c\left(V_1-V_2\right)\times 0.053\times K\times 100}{m} \quad (3-3)$$

式中　X——碱度，g/100g；

c——盐酸标准溶液的实际浓度，mol/L；

V_1——滴定试样时消耗盐酸标准溶液的体积，mL；

V_2——空白试验消耗盐酸标准溶液的体积，mL；

0.053——1.0mL盐酸标准溶液[c（HCl）=1.000mol/L]相当的碳酸钠的质量，g；

K——稀释倍数；

m——样品的质量，g。

知识链接

一、焙烤食品概述

焙烤食品泛指面食制品中采用焙烤工艺的一大类产品。它是以小麦等谷物粉料为基本原料，通过发面、高温焙烤过程而熟化的一大类食品，又称烘烤食品。由于焙烤食品中大部分产品都是以面粉配加不同比例的糖料制成，故又有面糖食品之称。虽然焙烤食品范围广泛，品种繁多，形态不一，风味各异，但主要包括面包、糕点、饼干三大类产品。

焙烤食品具有较好的保存性，便于携带和存放，营养较丰富。焙烤食品的制作是以微火烘烤的方法达到高温来完成产品的熟化。焙烤是高温处理过程，当面团坯体骤然受热时，其中所含的气体或化学发面剂受热而释放的气体顿时膨胀，使食品的组织疏松。尤其是食品表面达到的温度更高，其中所含的还原糖与氨基酸、蛋白质会发生美拉德反应，使产品表面呈悦目的棕黄色，并产生特有的香味物质。焙烤食品不仅具有丰富的营养，而且品类繁多，形色俱佳，应时适口，可以在饭前或饭后作为茶点品味，又能作为主食，还可以作为馈赠之礼品。

焙烤食品的制作技术性强、艺术性高，其工艺不仅包括原料的整理加工、制坯、制馅、成型、成熟和美化装饰等操作技能，还涉及植物学、动物学、微生物学、食品化学、营养卫生及食品机械等现代科学知识。

二、焙烤食品原辅材料

焙烤食品的生产需要多种原料，原料的质量和特性不仅决定其营养价值、风味和组织结构等，而且对其生产工艺和生产厂家的经济效益都有重要的影响。生产焙烤食品所需要的原辅材料分为主要原料和辅助材料两大类。为增加焙烤食品的营养价值，改善其风味，提高其品质，则需要另外添加辅助材料。原辅材料的理化特性、化学成分、作用、质量及使用量对其制品的生产及其品质有着十分重要的影响，只有全面掌握，才能运用自如，确保焙烤食品的加工品质和食用品质。

焙烤食品主要原料包括谷物粉（小麦粉为主，米粉，豆粉）、水。辅助材料包括糖、蛋品、乳品、油脂、改良剂、甜味剂、酵母、盐、各种馅料、营养强化剂及保健原料等。

（1）小麦粉　主要化学成分有碳水化合物、蛋白质、脂肪、矿物质、粗纤维及维生素等。面包用小麦粉标准（LS/T 3201—1993《面包用小麦粉》）见表3-3，糕点用小麦粉行业标准（LS/T 3208—1993《糕点用小麦粉》）理化指标见表3-4。

表3-3　面包用小麦粉标准

项目		精制级	普通级
水分/%	≤	14.5	
灰分（以干基计）/%	≤	0.60	0.75
粗细度	CB30号筛	全部通过	
	CB36号筛	留存量不超过15%	
湿面筋含量/%	≥	33	30
粉质曲线稳定时间/min	≥	10	7
降落数值/s		250~350	
含砂量/%	≤	0.02	
磁性金属物含量/（g/kg）	≤	0.003	
气味		无异味	

表3-4　糕点用小麦粉理化指标

项目		精制级	普通级
水分/%	≤	14.0	
灰分（以干基计）/%	≤	0.55	0.7

续表

项目		精制级	普通级
粗细度/%		全部通过CB36号筛，留存CB42号筛不超过10%	
湿面筋含量/%	≤	22.0	24.0
粉质曲线稳定时间/min	≤	1.5	2.0
降落数值/s	≥	160	
含砂量/%	≤	0.02	
磁性金属物含量/（g/kg）	≤	0.003	
气味		无异味	

（2）油脂　油脂在面包、糕点生产中使用量很大，有的糕点用油量高达40%以上，油脂在糕点食品中起着相当重要的作用。在糕点食品中常用的油脂大体上可分为植物油（如花生油、芝麻油、豆油、菜籽油、棕榈油、椰子油）、动物油及再制油（如氢化油、人造奶油）。在糕点食品中使用的动物油主要为猪油、奶油、牛油和羊油。奶油又称黄油或白脱油，由于奶油具有一定的硬度，具有良好的可塑性，适于西式糕点中的饰花和保持外形的完整。

（3）乳与乳制品　乳与乳制品因具有很高的营养价值、良好的加工性能及特有的奶酪香味，是高档糕点食品（高档面包、饼干等）的重要原料之一。常用的乳及乳制品有鲜乳、乳粉、炼乳、干酪、食用干酪素等。

（4）糖　糖是糕点食品生产的主要原料之一，它对产品的色香味形均有重要的影响。糖的种类很多，糕点食品中常用的糖有蔗糖、饴糖、淀粉糖浆、果葡糖浆及蜂蜜等。可以直接被人体利用的糖是葡萄糖和果糖。

（5）蛋　蛋品是生产面包、糕点的重要原料，尤其是蛋糕、杏元饼干、蛋卷、小蛋黄饼干、鸡蛋面包等用量较大。蛋品中用量最多的是鸡蛋、鸭蛋。

（6）水　水是糕点不可缺少的原料。对面包来说，水更是基本原料之一，它在面包中的用量仅次于面粉而居第二位。饼干、糕点等产品用水量虽然不多，但必须符合饮用水的标准。不同的面制品加水量差别很大，用水的质量和数量既影响面食的加工工艺，又影响成品质量。馒头、面包等一般采用中等硬度的水：8°~12°；饼干、挂面用软水：4°~8°。

水硬度过高易使面筋硬化，面团韧性过强，抑制酵母发酵，成品体积小，口感粗糙；水过软，面团吸水率低、黏度大，持气性下降，易塌陷，产品质量差。

（7）食盐　食盐是制作面包的四大基本原料之一，虽用量不多，但不可不用。即使最简单的硬式面包如法式面包等，可以不用糖，但必须用盐。其他糕点食品如饼干、蛋糕等不少品种也常用到食盐。一般食盐用量以1.5%为宜，最多不超过3%，以盐溶液的方式加入，在面团即将形成时添加。

（8）酵母　酵母通常有三种：鲜酵母、活性干酵母、即发型活性干酵母。酵母在面团发酵中产生二氧化碳和酒精，大量二氧化碳的存在，可使面包疏松多孔，体积增大。酵母主要是由蛋白质构成的，在酵母中（干物质）含有30%～40%的蛋白质和大量B族维生素，这些营养成分提高了发酵食品的营养价值。酵母是一种生物膨松剂，在糕点中主要用于发酵面团，但在面包中却是不可缺少的主要原料。酵母生长繁殖最活跃的温度是20～25℃。

（9）膨松剂　在糕点、饼干加工过程中，用以使糕点、饼干体积膨胀，结构疏松的物质，称为膨松剂。膨松剂可分为化学膨松剂和生物膨松剂两类。糕点、饼干中常用的膨松剂主要是化学膨松剂。

（10）淀粉　糕点食品中除原料小麦粉本身所带的淀粉外，为了其他目的所添加的淀粉。在饼干制作中，常用淀粉作冲淡面筋浓度的稳定性充填剂，尤其是对韧性面团，几乎成了必须添加的原料。

（11）果料　果料在糕点中用量广泛，以糕点最多，饼干、面包中仅有少数品种应用。糕点中常使用的果料形式有：果仁、果干、糖渍水果、果酱、干果泥、新鲜水果、水果罐头等。果料可提高制品的营养价值；改善制品风味；增加糕点花色品种和装饰。

（12）其他辅助料及添加剂　为了有利于糕点食品工艺操作和提高产品质量，糕点食品生产中使用的其他辅助料及添加剂还有乳化剂、氧化剂、增稠剂、抗氧化剂、香精香料和食用着色剂等。

三、焙烤食品检测指标

焙烤食品检测指标见表3-5~表3-13。

表3-5　焙烤食品的质量鉴别和处理方法

名称	优质	次质	变质
面包	松软，顶面呈均匀的金黄色或深黄色，不焦、不生，外形整齐饱满，有弹性和韧性，咀嚼时无黏牙感	干硬，外形不饱满，内生外焦，咀嚼时有黏牙感	发黏，霉变，无弹性，有酸味或霉味
饼干	色泽光亮，呈深黄色或乳白色，表面花纹清晰，入口松脆，易酥，具有正常的香味	外焦里生，有焦苦味，入口潮软，有黏牙感和黏舌感	失去光泽，有油脂变质的哈喇味，霉变，虫蛀
卫生处理	可食	尚可食	不可食

表3-6 焙烤食品的质量指标

项目	水分/%	碱性（以$NaHCO_3$计）/%	酸度（以乳酸计）/%	灰分/%
甜饼干	<5	<0.5	—	—
苏打咸饼干	<6	—	<0.5	—
甜面包	30~40	—	<6	<2.5
咸面包	30~40	<0.5	—	<2.5

表3-7 焙烤食品营养成分理化指标

检测项目	检测方法	依据标准	指标
水分	直接干燥法	GB 5009.3—2016	硬式面包≤45.0%，水蒸糕点（蛋糕类）≤35.0%，蛋黄类广式月饼≤23.0%
脂肪	索氏抽提法	GB 5009.6—2016	曲奇饼干（普通型）≥16.0%，油炸糕点（萨其马类）≤12.0%，肉制品类广式月饼≤25.0%
总糖	斐林氏容量法	GB/T 20977—2007	烘烤糕点（蛋糕类）≤42.0%，油炸糕点（萨其马类）≤35.0%，水蒸糕点（蛋糕类）≤46.0%，熟粉糕点（片糕类）≤50.0%
蛋白质	凯氏定氮法	GB 5009.5—2016	油炸糕点（萨其马类）≥40.0%，肉制品类广式月饼≥5.5%，果仁类苏式月饼≥6.0%

表3-8 苏式月饼感官指标

项目		要求
形态		外形圆整，面底平整，略呈扁鼓形；底部收口居中，无僵缩、露酥、塌斜、跑糖、漏馅现象，品名戳记清晰
色泽		面浅黄或浅棕黄，腰部乳黄泛白，饼底棕黄不焦，不沾杂色，无污染现象
组织	蓉沙类	酥层分明，皮馅厚薄均匀，馅软油润，无夹生、僵粒
	果仁类	酥层分明，皮馅厚薄均匀，馅松不韧，果仁粒形分明、分布均匀。无夹生、大空隙
	肉与肉制品类	酥层分明，皮馅厚薄均匀，肉与肉制品分布均匀，无夹生、大空隙
滋味与口感		酥皮爽儿，具有该品种应有的风味，无异味
杂质		正常视力无可见杂质

表3-9 糕点添加剂理化指标

检测项目	检测方法	依据标准	指标
苯甲酸、山梨酸	液相色谱法	GB 5009.28—2016	糕点中苯甲酸≤1mg/kg，山梨酸≤1.0mg/kg
糖精钠	液相色谱法	GB 5009.28—2016	饼干≤0.15mg/kg，糕点≤0.15mg/kg

表3-10 糕点有毒有害物质理化指标

检测项目	检测方法	依据标准	适用范围及限量要求
总砷	原子荧光光谱法	GB 5009.11—2024	面包≤0.5mg/kg，饼干≤0.5mg/kg，糕点≤0.5mg/kg
铅	石墨炉原子吸收光谱法	GB 5009.12—2023	面包≤0.5mg/kg，饼干≤0.5mg/kg，糕点≤0.5mg/kg
铝	分光光度法	GB 5009.182—2017	糕点≤25mg/kg
黄曲霉毒素B_1	薄层色谱法	GB 5009.22—2016	面包≤5μg/kg，糕点≤25μg/kg

表3-11 专用小麦粉的质量标准

项目	发酵饼干	蛋糕粉	面条粉	馒头粉	饺子粉
水分/%	≤14.0	≤14.0	≤14.5	≤14.5	≤14.5
灰分/%	≤0.55	≤0.53	≤0.55	≤0.55	≤0.55
湿面筋含量/%	24~30	22~24	≥28	≥28	25~30
面团稳定时间/min	≤3.5	≤1.5	≥4.0	≥4.0	≥3.0
降落数值/s	250~350	≥250	≥200	≥200	≥250
气味	无异味	无异味	无异味	无异味	无异味

表3-12 面包的感官要求

项目	软式面包	硬式面包	起酥面包	调理面包	其他面包
形态	完整，丰满，无黑泡或明显焦斑，形状应与品种造型相符	表皮有裂口，完整，丰满，无黑泡或明显焦斑，形状应与品种造型相符	丰满，多层，无黑泡或明显焦斑，光洁，形状应与品种造型相符	完整，丰满，无黑泡或明显焦斑，形状应与品种造型相符	符合产品应有的形态

续表

项目	软式面包	硬式面包	起酥面包	调理面包	其他面包
表面色泽	金黄色、浅棕色或棕灰色，色泽均匀、正常				
组织	细腻，有弹性，气孔均匀，纹理清晰，呈海绵状，切片后不断裂	紧密，有弹性	有弹性，多孔，纹理清晰，层次分明	细腻，有弹性，气孔均匀，纹理清晰，呈海绵状	符合产品应有的组织
滋味与口感	具有发酵和烘烤后的面包香味，松软适口，无异味	耐咀嚼，无异味	表皮酥脆，内质松软，口感酥香，无异味	具有该品种应有的滋味与口感，无异味	符合产品应有的滋味与口感，无异味
杂质	正常视力无可见的外来异物				

表3-13　面包的理化要求

项目		软式面包	硬式面包	起酥面包	调理面包	其他面包
水分/%	≤	45	45	36	45	45
酸度/°T	≤	6				
比体积/（mL/g）	≤	7.0				

面包卫生要求应符合GB 7099—2015《食品安全国家标准　糕点、面包》的规定；

饼干卫生要求应符合GB 7100—2015《食品安全国家标准　饼干》的规定；

食品添加剂的使用应符合GB 2760—2024《食品安全国家标准　食品添加剂使用标准》的规定；

食品营养强化剂的使用应符合GB 14880—2012《食品安全国家标准　食品营养强化剂使用标准》的规定。

拓展阅读　食品安全与人体健康

民以食为天，食以安为先。食品安全关系到民生、民心、社会的稳定和经济的发展。食品安全性是食品质量的最重要组成部分，一旦忽视食品安全问题，将对人类健康、人民生活和社会安定带来严重后果。随着我国对食品中农药残留、兽药残留和食品添加剂等使用的监管力度不断加强，食品中有害化学物质的污染率不断下降。相反，食品生产模式及饮食方式的改变、食品流通的日益广泛、新的病原体的不断出现、细菌耐药性的增强等，使食品，尤其是动物性食品，被病原体及其毒素污染的可能性越来越大。

食品安全性是指在规定的使用方式和用量的条件下长期食用，对食用者不产生不良反应的实际把握。随着新食品资源的开发，食品品种的不断增加，加工规模的扩大，加工贮藏运输等环节的增多，消化方式的多样化，使得影响食品安全的因素变得越来越复杂。

微生物及其毒素污染：主要是细菌及其毒素、霉菌及其毒素，此外近年来由病毒及其他一些微生物造成的食品污染也越来越多。

食品的细菌性污染与细菌性食物中毒：细菌是单细胞原核生物，根据形态可分为球菌、杆菌和螺旋菌。较常见的污染细菌有多个属种，主要包括假单胞菌属、芽孢杆菌属、梭状芽孢杆菌属、肠杆菌科、弧菌属和黄杆菌属、嗜盐杆菌属和嗜盐球菌属等。

食品原料污染：食品原料在采集、加工前已被细菌污染。如采用病死的畜禽为原料生产的食品，是许多动物性食品不安全恶性事件的主要原因之一。

产、贮、运、销过程中的污染：这是细菌污染机会最多的一些环节，不卫生的操作和管理可使食品被环境、设备、餐具中的细菌污染。

食品从业人员的污染：不认真执行卫生操作规程或本身带菌的食品从业人员，可通过手上、呼吸道等途径造成食品污染。

烹调加工过程的污染：在食品加工过程中，未能彻底将食品烧熟、煮透，生熟不分等不良操作，能使食品中已经存在或污染的细菌大量繁殖生长，从而降低食品安全性。

细菌不仅种类多，而且生理特征也多种多样，无论环境中有氧或无氧、高温或低温、酸性或碱性都有合适该种环境的细菌存在。当细菌生长繁殖并蓄积大量毒素时，将对人体健康造成严重危害。

有些细菌可在体内产生芽孢，一般煮沸方法不能将它杀死，温度降低后，芽孢可萌发成新的群体继续生长繁殖。若能生产毒素，则会严重影响食品的安全性。

当污染食品的细菌有致病性时，其产生的危害不仅仅停留在食品腐败变质，更严重的是造成食物中毒，细菌性食物中毒具有明显的季节性、发病快、发病率高、病程短、病死率低等特点。但近二十多年来出现的一些细菌性食物中毒，其特点发生了变化。例如，空肠弯曲菌食物中毒潜伏期一般3~5d，长者达10d。李斯特菌食物中毒、小肠结肠炎耶尔森氏菌食物中毒、创伤弧菌食物中毒的病死率分别可达20%~50%、34%~50%、60%，且病程长、病情重、恢复慢，应引起人们足够的注意。

食品安全是关系着人民群众的身体健康和生命安全、经济健康发展、国家安定和社会发展与稳定的重大问题。解决好这个问题，必须保好原料关：加强动植物检验检疫，严禁化学污染的食品进入市场，严格禁止病畜禽及其他动物产品、海产品、不合格的植物原料流入市场，对已被污染或轻度变质的食品原料经科学处理后用于其他用途，不用腐败的原料加工食品。把好生产关：食品加工企业要加强食品卫生监督管理，规范操作，讲究卫生。对食品加工人员、餐饮从业人员、保育员定期进行健康检查，禁止带菌者直接从事食品加工和供应，防止带菌人群对食品的污染。把好运输关：食品运输存放工具必须干净卫生，并定期消毒，不使用不合格的食品包装材料，贮存场所要清洁安全，防止昆虫、鼠害侵蚀食品。熟食品应根据条件进行冷藏存放，尽量缩短存放期，禁止销售过期食品。讲究科学合理的使用方法：不购买和食用过期食品、不合格食品和无生产许可证的食品。对家庭剩饭、剩菜应放置低温贮藏，食用前一定要回锅加热。

思考练习

1. 测定焙烤食品中水分的常用方法有哪几种？
2. 什么是面包的酸（碱）度？
3. 焙烤食品理化指标有哪些？
4. 面包和饼干的质量鉴别和处理方法是什么？
5. 简述标准工作曲线的绘制方法。
6. 简述蔗糖的测定原理及操作要点。
7. 滴定管的种类有哪些，操作时应该注意什么？
8. 在测定蔗糖含量时为什么要将蔗糖完全水解？
9. 焙烤食品中常用的糖有哪几类？
10. 简述如何预防控制食品污染。
11. 制备焙烤食品的原辅料有哪些？

项目四 粮油及制品检测

任务一 面粉中灰分的测定

一、任务目标

（1）熟练掌握高温炉和水浴锅的使用方法，进一步熟悉分析天平的称量操作。

（2）学习和了解测定灰分的原理及操作要点。

（3）关注灰分测定技术的最新进展，探索新的应用领域，培养科研兴趣和探索精神。

二、工作原理

GB 5009.4—2016

本任务参照GB 5009.4—2016《食品安全国家标准　食品中灰分的测定》食品经灼烧后所残留的无机物质称为灰分。灰分数值系用灼烧、称重后计算得出。

三、试剂仪器

1. 试剂

（1）水　GB/T 6682—2008规定的三级水。

（2）浓盐酸。

（3）10%盐酸溶液　量取24mL分析纯浓盐酸，用蒸馏水稀释至100mL。

2. 仪器

（1）高温炉　最高使用温度≥950℃。

（2）分析天平　感量分别为 0.1mg、1mg、0.1g。

（3）石英坩埚或瓷坩埚。

（4）干燥器（内有干燥剂）。

（5）电热板。

（6）恒温水浴锅　控温精度±2℃。

（7）烧杯（高型）　容量100mL。

（8）表面皿　直径6cm。

（9）漏斗。

（10）无灰滤纸。

四、操作方法

1. 样品的采集制备

市面上购买不同品牌的面粉。

2. 样品的测定

（1）坩埚预处理　先用沸腾的稀盐酸洗涤，再用大量自来水洗涤，最后用蒸馏水冲洗。将洗净的坩埚置于高温炉内，在（900±25）℃下灼烧30min，并在干燥器内冷却至室温，称量，精确至0.0001g。

（2）称样　迅速称取面粉样品2~10g，精确至0.0001g。将样品均匀分布在坩埚内，不要压紧。

（3）总灰分测定　将坩埚置于高温炉口或电热板上，半盖坩埚盖，小心加热使样品在通气情况下完全炭化至无烟，即刻将坩埚放入高温炉内，将温度升高至（900±25）℃，保持此温度直至剩余的炭粒全部消失为止，一般1h可灰化完毕，冷却至200℃左右，取出，放入干燥器中冷却30min，称量前如发现灼烧残渣有炭粒时，应向试样中滴入少许水湿润，使结块松散，蒸干水分再次灼烧至无炭粒即表示灰化完全，方可称量。重复灼烧至前后两次称量相差不超过0.5mg为恒重。

（4）水不溶性灰分测定　用约25mL热蒸馏水分次将总灰分从坩埚中洗入100mL烧杯中，盖上表面皿，用小火加热至微沸，防止溶液溅出。趁热用无灰滤纸过滤，并用热蒸馏水分次洗涤杯中残渣，直至滤液和洗涤体积约达150mL为止，将滤纸连同残渣移入原坩埚内，放在沸水浴锅上小心地蒸去水分，然后将坩埚烘干并移入高温炉内，以（550±25）℃灼烧至无炭粒（一般需1h）。待炉温降至200℃时，放入干燥器内，冷却至室温，称量（准确至0.0001g）。再放入高温炉内，以（550±25）℃灼烧30min，如前冷却并称量。如此重复操作，直至连续两次称量相差不超过0.5mg为止，记下最低质量。

五、数据处理

试样中总灰分的含量按式（4-1）计算：

$$X=\frac{m_1-m_2}{m_3-m_2}\times 100 \qquad (4-1)$$

式中 X——试样中总灰分的含量，g/100g；

m_1——坩埚和灰分的质量，g；

m_2——坩埚的质量，g；

m_3——坩埚和试样的质量，g；

100——单位换算系数。

计算结果以两次测定结果的算术平均值表示，结果保留两位有效数字。

试样中水不溶性灰分的含量按式（4-2）计算：

$$X_1=\frac{m_4-m_2}{m_3-m_2}\times 100 \qquad (4-2)$$

式中 X_1——试样中水不溶性灰分的含量，g/100g；

m_4——坩埚和水不溶性灰分的质量，g；

m_2——坩埚的质量，g；

m_3——坩埚和试样的质量，g；

100——单位换算系数。

试样中水溶性灰分的含量，按式（4-3）计算：

$$X_2=\frac{m_5-m_6}{m}\times 100 \qquad (4-3)$$

式中 X_2——试样中水溶性灰分的含量，g/100g；

m——试样的质量，g；

m_5——总灰分的质量，g；

m_6——水不溶性灰分的质量，g；

100——单位换算系数。

任务二　小麦中淀粉的测定

一、任务目标

（1）掌握小麦中淀粉的测定原理及步骤。

（2）能够按照标准中的操作规程，准确进行称量试剂、配制溶液、水解等步骤，正确记录实验数据。

（3）在实验过程中保持开放、严谨、客观、合理的科学态度，尊重科学事实，追求真理；注意安全，遵守实验室安全规定，培养安全意识和自我保护能力。

二、工作原理

本任务参照GB 5009.9—2023《食品安全国家标准 食品中淀粉的测定》第一法：酶水解法。试样经去除脂肪及可溶性糖后，淀粉依次经淀粉酶酶解和盐酸水解成葡萄糖，测定葡萄糖含量，并折算成样品中淀粉含量。

GB 5009.9—2023

三、试剂仪器

1. 试剂

（1）水 GB/T 6682—2008规定的三级水。

（2）碘。

（3）碘化钾。

（4）*α*-淀粉酶 酶活力≥1.6U/mg。

（5）无水乙醇或95%酒精。

（6）石油醚 沸程为60~90℃。

（7）乙醚。

（8）甲苯。

（9）三氯甲烷。

（10）盐酸。

（11）氢氧化钠。

（12）硫酸铜。

（13）酒石酸钾钠。

（14）亚铁氰化钾。

（15）亚甲蓝 指示剂。

（16）甲基红 指示剂。

（17）*α*-萘酚。

（18）浓硫酸。

（19）甲基红指示液（2g/L） 称取甲基红0.20g，用95%乙醇溶解并定容至100mL。

（20）盐酸溶液（1+1） 量取50mL盐酸与50mL水混匀。

（21）氢氧化钠溶液（200g/L） 称取20g氢氧化钠，加水溶解并稀释至100mL。

（22）碱性酒石酸铜甲液 称取15g硫酸铜及0.050g亚甲蓝，溶于水中并稀释至1000mL。

（23）碱性酒石酸铜乙液 称取50g酒石酸钾钠、75g氢氧化钠，溶于水中，再加入4g亚铁氰化钾，完全溶解后，用水稀释至1000mL，贮存于橡胶塞玻璃瓶内。

（24）淀粉酶溶液（5g/L） 称取α-淀粉酶0.5g，加100mL水溶解，临用现配；也可加入数滴甲苯或三氯甲烷防止长霉，置于4℃冰箱中。

（25）碘溶液 称取3.6g碘化钾溶于20mL水中，加入1.3g碘，溶解后加水稀释至100mL。

（26）乙醇溶液（85%，体积分数） 取85mL无水乙醇，加水稀释至100mL混匀。也可用95%乙醇配制。

（27）乙醇溶液（40%，体积分数） 取40mL无水乙醇，加水稀释至100mL混匀。也可用95%乙醇配制。

（28）α-萘酚乙醇溶液（10g/L） 称取α-萘酚1g，用95%乙醇溶解并稀释至100mL。

（29）D-无水葡萄糖标准品 纯度≥98%，或经国家认证并授予标准物质证书的标准品。

（30）葡萄糖标准溶液（1.00mg/mL） 准确称取1g（精确至0.001g）经过98~100℃干燥2h的D-无水葡萄糖，加水溶解后加入5mL盐酸，并以水定容至1000mL。此溶液每毫升相当于1.00mg葡萄糖。临用现配。

2. 仪器

（1）40目筛 孔径0.425mm。

（2）天平 感量为1mg和0.1mg。

（3）恒温水浴锅 可加热至100℃。

（4）回流装置 并附250mL锥形瓶。

（5）组织捣碎机。

（6）电炉。

（7）滴定管 25mL。

四、操作方法

1. 样品的采集

在市面上购买不同品牌的小麦。

2. 样品的测定

（1）试样制备 取试样可食部分磨碎，过40目筛，称取2～5g（精确至0.001g）。置于放有折叠慢速滤纸的漏斗内，先用50mL石油醚或乙醚分5次洗除脂肪（可用玻璃棒轻轻搅动分散样品），再用乙醇溶液（85%，体积分数）分次洗去可溶性糖类至微糖检验结果为阴性。含有麦芽糊精的试样，先用100mL乙醇溶液（85%，体积分数）洗涤，再用乙醇溶液（40%，体积分数）洗涤至微糖检验结果为阴性。滤干乙醇溶液，将残留物移入250mL烧杯内，用50mL水洗净滤纸，洗液并入烧杯内，将烧杯置于沸水浴加热至糊化完全，一般需15min，放冷至60℃以下，加20mL淀粉酶溶液，在55~60℃保温1h，并时时搅拌。然后取1滴此液加1滴碘溶液，应不显现蓝色。若显蓝色，再加热糊化并加20mL淀粉酶溶液，继续保温，直至加碘溶液不显蓝色为止。加热至沸，冷后移入250mL容量瓶中，用适量体积的水洗涤烧杯，并转入容量瓶中，加水至刻度，混匀，过滤，并弃去初滤液。

取50.00mL滤液，置于250mL锥形瓶中，加5mL盐酸（1+1），装上回流冷凝器，在沸水浴中回流1h，冷后加2滴甲基红指示液，用氢氧化钠溶液（200g/L）中和至中性，溶液转入100mL容量瓶中，洗涤锥形瓶，洗液并入100mL容量瓶中，加水至刻度，混匀备用。

（2）微糖检验　取洗涤液2mL在小试管中，加入α-萘酚乙醇溶液（10g/L）4滴，沿管壁缓缓加入浓硫酸1mL。在水与酸的界面出现紫色环，判定为阳性；在水与酸的界面出现黄绿色环，判定为阴性。

（3）标定碱性酒石酸铜溶液　吸取5.00mL碱性酒石酸铜甲液及5.00mL碱性酒石酸铜乙液，置于150mL锥形瓶中，加水10mL，加入玻璃珠2粒，从滴定管滴加约9mL葡萄糖标准溶液，控制在2min内加热至沸，保持溶液呈沸腾状态，以1滴/2s的速度继续滴加葡萄糖，直至溶液蓝色刚好褪去为终点，记录消耗葡萄糖标准溶液的总体积，同时做3份平行，取其平均值，计算标定碱性酒石酸铜溶液（甲、乙液各半）相当于葡萄糖的质量m_1（mg），结果按照式（4-4）计算。

（4）试样溶液预测　吸取5.00mL碱性酒石酸铜甲液及5.00mL碱性酒石酸铜乙液，置于150mL锥形瓶中，加水10mL，加入玻璃珠2粒，控制在2min内加热至沸，保持沸腾以先快后慢的速度，从滴定管中滴加试样溶液，并保持溶液沸腾状态，待溶液颜色变浅时，以1滴/2s的速度滴定，直至溶液蓝色刚好褪去为终点。记录试样溶液的消耗体积。当试样溶液中葡萄糖浓度过高时，应适当稀释后再进行正式测定，使每次滴定消耗试样溶液的体积控制在与标定碱性酒石酸铜溶液时所消耗的葡萄糖标准溶液的体积相近，约10mL。

（5）试样溶液测定　吸取5.00mL碱性酒石酸铜甲液及5.00mL碱性酒石酸铜乙液，置于150mL锥形瓶中，加水10mL，加入玻璃珠2粒，从滴定管滴加比预测体积少1mL的试样溶液至锥形瓶中，使在2min内加热至沸，保持沸腾状态继续以1滴/2s的速度滴定，直至蓝色刚好褪去为终点，记录试样溶液消耗体积。同法平行操作3份，得出平均消耗体积。结果按式（4-5）计算。

（6）空白测定　同时量取20.00mL水及与试样溶液处理时相同量的淀粉酶溶液，按反滴定法做试剂空白试验，即用葡萄糖标准溶液滴定试剂空白溶液至终点，记录消耗的体积与标定时消耗的葡萄糖标准溶液体积之差相当于10mL样液中所含葡萄糖的量。按式（4-6）、式（4-7）计算试剂空白中葡萄糖的含量。

五、数据处理

（1）标定碱性酒石酸铜溶液相当于葡萄糖质量。

$$m_1 = \rho \times V_S \tag{4-4}$$

式中 m_1——标定用碱性酒石酸铜溶液（甲、乙液各半）相当于葡萄糖的质量，mg；

ρ——葡萄糖标准溶液质量浓度，mg/mL；

V_S——标定碱性酒石酸铜溶液（甲、乙液各半）时消耗的葡萄糖标准溶液的体积，mL。

（2）试样中葡萄糖质量计算。

$$X_1 = \frac{m_1}{\frac{50}{250} \times \frac{V_1}{100}} \tag{4-5}$$

式中 X_1——所称试样中葡萄糖的质量，mg；

m_1——标定用碱性酒石酸铜溶液（甲、乙液各半）相当于葡萄糖的质量，mg；

50——测定用样品溶液体积，mL；

250——样品定容体积，mL；

V_1——测定时平均消耗试样溶液体积，mL；

100——测定用样品的定容体积，mL。

（3）试剂空白值计算。

$$X_0 = \frac{m_0}{\frac{50}{250} \times \frac{10}{100}} \tag{4-6}$$

$$m_0 = m_1\left(1 - \frac{V_0}{V_S}\right) \tag{4-7}$$

式中 X_0——试剂空白值，mg；

m_0——标定碱性酒石酸铜溶液（甲、乙液各半）时消耗的葡萄糖标准溶液的体积与加入空白后消耗的葡萄糖标准溶液体积之差相当于葡萄糖的质量，mg；

50——测定用样品溶液体积，mL；

250——样品定容体积，mL；

10——直接加入的试样体积，mL；

100——测定用样品的定容体积，mL；

m_1——标定用碱性酒石酸铜溶液（甲、乙液各半）相当于葡萄糖的质量，mg；

V_0——加入空白试样后消耗的葡萄糖标准溶液体积，mL；

V_S——标定碱性酒石酸铜溶液（甲、乙液各半）时消耗的葡萄糖标准溶液的体积，mL。

（4）试剂中淀粉的含量计算。

$$X = \frac{(X_1 - X_0) \times 0.9}{m \times 1000} \times 100 \tag{4-8}$$

式中　X——试样中淀粉的含量，g/100g；

0.9——葡萄糖折算成淀粉的换算系数；

m——试样质量，g。

结果<1g/100g，保留2位有效数字。结果≥1g/100g，保留3位有效数字。

任务三　花生中黄曲霉毒素的测定

一、任务目标

（1）能够准确进行样本前处理（如提取、净化等步骤），正确使用液相色谱-串联质谱仪，并记录和分析实验数据。

（2）能够准确计算并报告花生中黄曲霉毒素的含量，了解误差来源并采取措施减少误差。

（3）认识到食品安全的重要性，了解黄曲霉毒素对人体健康的危害，培养社会责任感和使命感。

二、工作原理

本任务参照GB 5009.22—2016《食品安全国家标准　食品中黄曲霉毒素B族和G族的测定》第一法：同位素稀释液相色谱-串联质谱法。试样中的黄曲霉毒素B_1（$AFTB_1$）、黄曲霉毒素B_2（$AFTB_2$）、黄曲霉毒素G_1（$AFTG_1$）、黄曲霉毒素G_2（$AFTG_2$），用乙腈-水溶液或甲醇-水溶液提取，提取液用含1% Triton X-100（或吐温-20）的磷酸盐缓冲溶液稀释后（必要时经黄曲霉毒素固相净化柱初步净化），通过免疫亲和柱净化和富集，净化液浓缩、定容和过滤后经液相色谱分离，串联质谱检测，同位素内标法定量。

GB 5009.22—2016

三、试剂仪器

1. 试剂

（1）水　GB/T 6682—2008规定的一级水。

（2）乙腈　色谱纯。

（3）甲醇　色谱纯。

（4）乙酸铵　色谱纯。

（5）氯化钠。

（6）磷酸氢二钠。

（7）磷酸二氢钾。

（8）氯化钾。

（9）盐酸。

（10）Triton X-100（或吐温-20）。

（11）乙酸铵溶液（5mmol/L）　称取0.39g乙酸铵，用水溶解后稀释至1000mL，混匀。

（12）乙腈-水溶液（84+16）　取840mL乙腈加入160mL水，混匀。

（13）甲醇-水溶液（70+30）　取70mL甲醇加入30mL水，混匀。

（14）乙腈-水溶液（50+50）　取50mL乙腈加入50mL水，混匀。

（15）乙腈-甲醇溶液（50+50）　取50mL乙腈加入50mL甲醇，混匀。

（16）10%盐酸溶液　取1mL盐酸，用纯水稀释至10mL，混匀。

（17）磷酸盐缓冲溶液（以下简称PBS）　称取8.0g氯化钠、1.20g磷酸氢二钠（或2.92g十二水磷酸氢二钠）、0.20g磷酸二氢钾、0.20g氯化钾，用900mL水溶解，用盐酸调节pH 至7.4 ± 0.1，加水稀释至1000mL。

（18）1% Triton X-100（或吐温-20）的PBS　取10mL Triton X-100（或吐温-20），用PBS稀释至1000mL。

（19）$AFTB_1$标准品（$C_{17}H_{12}O_6$，CAS：1162-65-8）　纯度≥98%，或经国家认证并授予标准物质证书的标准物质。

（20）$AFTB_2$标准品（$C_{17}H_{14}O_6$，CAS：7220-81-7）　纯度≥98%，或经国家认证并授予标准物质证书的标准物质。

（21）$AFTG_1$标准品（$C_{17}H_{12}O_7$，CAS：1165-39-5）　纯度≥98%，或经国家认证并授予标准物质证书的标准物质。

（22）$AFTG_2$标准品（$C_{17}H_{14}O_7$，CAS：7241-98-7）　纯度≥98%，或经国家认证并授予标准物质证书的标准物质。

（23）同位素内标$^{13}C_{17}$-$AFTB_1$（$C_{17}H_{12}O_6$，CAS：1217449-45-0）　纯度≥98%，浓度为0.5μg/mL。

（24）同位素内标$^{13}C_{17}$-$AFTB_2$（$C_{17}H_{14}O_6$，CAS：1217470-98-8）　纯度≥98%，浓度为0.5μg/mL。

（25）同位素内标$^{13}C_{17}$-$AFTG_1$（$C_{17}H_{12}O_7$，CAS：1217444-07-9）　纯度≥98%，浓度为0.5μg/mL。

（26）同位素内标$^{13}C_{17}$-$AFTG_2$（$C_{17}H_{14}O_7$，CAS：1217462-49-1）　纯度≥98%，浓度为0.5μg/mL。

（27）标准储备溶液（10μg/mL）　分别称取$AFTB_1$、$AFTB_2$、$AFTG_1$和$AFTG_2$ 1mg（精确至0.01mg），用乙腈溶解并定容至100mL。此溶液浓度约为10μg/mL。溶液转移至试剂瓶中后，在-20℃下避光保存，备用。临用前进行浓度校准。

（28）混合标准工作液（100ng/mL）　准确移取混合标准储备溶液（1.0μg/mL）1.0mL至100mL容量瓶中，乙腈定容。此溶液密封后避光-20℃下保存，三个月有效。

（29）混合同位素内标工作液（100ng/mL）　准确移取0.5μg/mL $^{13}C_{17}$-$AFTB_1$、$^{13}C_{17}$-$AFTB_2$、$^{13}C_{17}$-$AFTG_1$和$^{13}C_{17}$-$AFTG_2$各2.0mL，用乙腈定容至10mL。在-20℃下避光保存，备用。

（30）标准系列工作溶液　准确移取混合标准工作液（100ng/mL）10，50，100，200，500，800，1000μL至10mL容量瓶中，加入200μL 100ng/mL的同位素内标工作液，用初始流动相定容至刻度，配制浓度点为0.1，0.5，1.0，2.0，5.0，8.0，10.0ng/mL的标准系列工作溶液。

2. 仪器

（1）匀浆机。

（2）高速粉碎机。

（3）组织捣碎机。

（4）超声波/涡旋振荡器或摇床。

（5）天平　感量0.01g和0.00001g。

（6）涡旋混合器。

（7）高速均质器　转速6500～24000r/min。

（8）离心机　转速≥6000r/min。

（9）玻璃纤维滤纸　快速、高载量、液体中颗粒保留1.6μm。

（10）固相萃取装置（带真空泵）。

（11）氮吹仪。

（12）液相色谱-串联质谱仪　带电喷雾离子源。

（13）液相色谱柱。

（14）免疫亲和柱　$AFTB_1$柱容量≥200ng，$AFTB_1$柱回收率≥80%，$AFTG_2$的交叉反应率≥80%。

（15）黄曲霉毒素专用型固相萃取净化柱或功能相当的固相萃取柱（以下简称净化柱）　对复杂基质样品测定时使用。

（16）微孔滤头　带0.22μm微孔滤膜（所选用滤膜应采用标准溶液检验确认无吸附现象，方可使用）。

（17）筛网　1～2mm试验筛孔径。

（18）pH计。

四、操作方法

1. 样品的采集制备

采样量需大于1kg，用高速粉碎机将其粉碎，过筛，使其粒径小于2mm孔径试验筛，混合均匀后缩分至100g，贮存于样品瓶中，密封保存，供检测用。

2. 样品的测定

（1）样品提取　称取5g试样（精确至0.01g）于50mL离心管中，加入100μL同位素内标工作液振荡混合后静置30min。加入20.0mL乙腈-水溶液（84+16）或甲醇-水溶液（70+30），涡旋混匀，置于超声波/涡旋振荡器或摇床中振荡20min（或用均质器均质3min），在6000r/min下离心10min（或均质后玻璃纤维滤纸过滤），取上清液备用。

（2）免疫亲和柱净化　准确移取4mL上清液，加入46mL 1% Triton X-100（或吐温-20）的PBS（使用甲醇-水溶液提取时可减半加入），混匀。将低温下保存的免疫亲和柱恢复至室温。待免疫亲和柱内原有液体流尽后，将上述样液移至50mL注射器筒中，调节下滴速度，控制样液以1～3mL/min的速度稳定下滴。待样液滴完后，往注射器筒内加入2×10mL水，以稳定流速淋洗免疫亲和柱。待水滴完后，用真空泵抽干亲和柱。脱离真空系统，在亲和柱下部放置10mL刻度试管，取下50mL的注射器筒，加入2×1mL甲醇洗脱亲和柱，控制1～3mL/min的速度下滴，再用真空泵抽干亲和柱，收集全部洗脱液至试管中。在50℃下用氮气缓缓地将洗脱液吹至近干，加入1.0mL初始流动相，涡旋30s溶解残留物，0.22μm滤膜过滤，收集滤液于进样瓶中以备进样。

（3）液相色谱参考条件

①流动相：A相为5mmoL/L乙酸铵溶液；B相为乙腈-甲醇溶液（50+50）；

②梯度洗脱：32% B（0～0.5min），45% B（3～4min），100% B（4.2～4.8min），32% B（5.0～7.0min）；

③色谱柱：C_{18}柱（柱长100mm，柱内径2.1mm；填料粒径1.7μm），或相当者；

④流速：0.3mL/min；

⑤柱温：40℃；

⑥进样体积：10μL。

（4）质谱参考条件

①检测方式：多离子反应监测（MRM）；

②离子源控制条件：见表4-1；

③离子选择参数：见表4-2。

表4-1　离子源控制条件

电离方式	ESI⁺
毛细管电压/kV	3.5
锥孔电压/V	30
射频透镜1电压/V	14.9
射频透镜2电压/V	15.1
离子源温度/℃	150
锥孔反吹气流量/（L/h）	50
脱溶剂气温度/℃	500
脱溶剂气流量/（L/h）	800
电子倍增电压/V	650

表4-2　离子选择参数表

化合物名称	母离子/（*m/z*）	定量离子/（*m/z*）	碰撞能量/eV	定性离子/（*m/z*）	碰撞能量/eV	离子化方式
$AFTB_1$	313	285	22	241	38	ESI^+
$^{13}C_{17}$-$AFTB_1$	330	255	23	301	35	ESI^+
$AFTB_2$	315	287	25	259	28	ESI^+
$^{13}C_{17}$-$AFTB_2$	332	303	25	273	28	ESI^+
$AFTG_1$	329	243	25	283	25	ESI^+
$^{13}C_{17}$-$AFTG_1$	346	257	25	299	25	ESI^+
$AFTG_2$	331	245	30	285	27	ESI^+
$^{13}C_{17}$-$AFTG_2$	348	259	30	301	27	ESI^+

（5）定性测定　试样中目标化合物色谱峰的保留时间与相应标准色谱峰的保留时间相比较，变化范围应在±2.5%之内。

每种化合物的质谱定性离子必须出现，至少应包括一个母离子和两个子离子，而且同一检测批次，对同一化合物，样品中目标化合物的两个子离子的相对丰度比与浓度相当的标准溶液相比，其允许偏差不超过表4-3规定的范围。

表4-3 定性时相对离子丰度的最大允许偏差

相对离子丰度/%	>50	20~50	10~20	≤10
允许相对偏差/%	±20	±25	±30	±50

（6）标准曲线的制作　在液相色谱-串联质谱仪分析条件下，将标准系列工作溶液由低到高浓度进样检测，以$AFTB_1$、$AFTB_2$、$AFTG_1$和$AFTG_2$色谱峰与各对应内标色谱峰的峰面积比值-浓度作图，得到标准曲线回归方程，其线性相关系数应大于0.99。

（7）试样溶液的测定　取净化后的待测溶液进样，内标法计算待测液中目标物质的质量浓度，计算样品中待测物的含量。待测样液中的响应值应在标准曲线线性范围内，超过线性范围则应适当减少取样量重新测定。

（8）空白试验　不称取试样，按样品提取和样品净化的步骤做空白试验。应确认不含有干扰待测组分的物质。

五、数据处理

试样中黄曲霉毒素含量可按式（4-9）计算：

$$X=\frac{\rho\times V_1\times V_3\times 1000}{V_2\times m\times 1000} \tag{4-9}$$

式中　X——试样中$AFTB_1$、$AFTB_2$、$AFTG_1$或$AFTG_2$的含量，μg/kg；

ρ——进样溶液中$AFTB_1$、$AFTB_2$、$AFTG_1$或$AFTG_2$按照内标法在标准曲线中对应的浓度，ng/mL；

V_1——试样提取液体积，mL；

V_3——样品经净化洗脱后的最终定容体积，mL；

1000——换算系数；

V_2——用于净化分取的样品体积，mL；

m——试样的称样量，g。

计算结果保留三位有效数字。

任务四　大豆中粗纤维的测定

一、任务目标

（1）了解大豆中粗纤维的检测原理和意义。

（2）掌握测定粗纤维的基本操作技术。

（3）增强食品质量安全意识，认识到食品质量安全对消费者健康的重要性，为食品行业健康发展贡献力量。

二、工作原理

本任务参照GB/T 5009.10—2003《植物类食品中粗纤维的测定》。在硫酸作用下，试样中的糖、淀粉、果胶质和半纤维素经水解除去后，再用碱处理，除去蛋白质及脂肪酸，剩余的残渣为粗纤维。如其中含有不溶于酸碱的杂质，可灰化后除去。

GB/T 5009.10—2003

三、试剂仪器

1. 试剂

（1）1.25%硫酸。

（2）1.25%氢氧化钾溶液。

（3）石棉　加5%氢氧化钠溶液浸泡石棉，在水浴上回流8h以上，再用热水充分洗涤，然后用20%盐酸在沸水浴上回流8h以上，再用热水充分洗涤，干燥。在600~700℃中灼烧后，加水使成混悬物，贮存于玻塞瓶中。

2. 仪器

（1）高温电炉。

（2）分析天平。

（3）垂融坩埚或同型号的垂融漏斗、石棉坩埚。

（4）电热恒温烘箱。

（5）真空抽滤机。

（6）干燥器。

（7）电加热套。

四、操作方法

（1）称取均匀样品5.0g，置于500mL锥形瓶中。加入200mL煮沸的1.25%硫酸，用酒精灯加热使微沸，保持体积恒定，维持30min，每隔5min摇动锥形瓶一次，以充分混合瓶内的物质。

（2）取下锥形瓶，立即用亚麻布过滤后，用沸水洗涤至洗液不呈酸性。

（3）再用200mL煮沸的1.25%氢氧化钾溶液，将亚麻布上的存留物洗入原锥形瓶内加热微沸30min后，取下锥形瓶，立即以亚麻布过滤，以沸水洗涤2~3次后，移入已干燥称量的G2垂融坩埚或同型号的垂融漏斗中，抽滤，用热水充分洗涤后，抽干。再依次用乙醇和乙醚洗涤一次。将坩埚和内容物在105℃烘箱中烘干后称量，重复操作，直至恒量。

如试样中含有较多的不溶性杂质，则可将试样移入石棉坩埚，烘干称量后，再移入550℃高温炉中灰化，使含碳的物质全部灰化，置于干燥器内，冷却至室温称量，所损失的量即为粗纤维量。

五、数据处理

试样中粗纤维的含量按式（4–10）计算：

$$X = \frac{G}{m} \times 100\% \tag{4-10}$$

式中　X——试样中粗纤维的含量，%；

G——残余物的质量（或经高温炉损失的质量），g；

m——试样的质量，g。

计算结果表示到小数点后一位。

任务五　食用油油脂密度的测定

一、任务目标

（1）掌握粮油及其制品中油脂密度的测定原理及步骤。

（2）掌握GB/T 5526—2024《动植物油脂 相对密度的测定》中的基本操作技能。

（3）增强对粮油制品质量的关注度，促进食品安全和营养健康知识的普及。

二、工作原理

分别测量20℃时相同体积的试样和蒸馏水的质量，试样的质量和蒸馏水的质量之比即为相对密度。

三、仪器

（1）密度瓶　精密密度瓶，带有温度计（温度计分度值为0.1℃）。

（2）恒温水浴　温度控制精度±0.1℃。

（3）分析天平　感量0.0001g。

四、操作方法

1. 样品的采集

在市面上购买粮油。

2. 样品的测定

取洁净、干燥的密度瓶，称其质量（精确至0.0001g，瓶的质量应减去瓶内空气质量，1mL的干燥空气质量在标准状况下约为0.0013g）。取下温度计和小帽（或者瓶塞），加入脱除空气的比规定温度低约5℃的新制蒸馏水或者相同纯度的水，装满密度瓶后，插入温度计（或者瓶塞），瓶内不应有气泡存在。然后将瓶置于规定温度的恒温水浴中，恒温30min，待瓶内的水达到20℃后，擦去溢出的水，盖上小帽，然后将密度瓶从水浴中取出，擦干其外部的水，称其质量（精确至0.0001g）。

将比规定温度低约5℃的试样加入洁净干燥的同一密度瓶中，插入温度计，瓶内不应有气泡存在，恒温30min，待瓶内的试样达到20℃后，按照称取水质量的方法进行恒温称重。

五、数据处理

试样在20℃下的相对密度，按式（4-11）计算：

$$d_{20}^{20}=\frac{m_2-m_0}{m_1-m_0} \tag{4-11}$$

式中　d_{20}^{20}——20℃时试样相对于20℃蒸馏水的相对密度；

m_2——试样和密度瓶的质量之和，g；

m_0——空密度瓶的质量，g；

m_1——蒸馏水和密度瓶的质量之和，g。

测定结果以两次独立测定结果的平均值表示，保留至小数点后第4位。在重复性条件下获得的两次独立测定结果的绝对差值不大于0.001，在再现性条件下获得的两次独立测定结果的绝对差值不大于0.01。

任务六　食用油中过氧化值的测定

一、任务目标

（1）掌握食用油中过氧化值的测定原理及步骤。

（2）准确分析实验结果，计算食用油中过氧化值，正确撰写实验报告，记录实验数据和分析结果。

（3）认识食品安全的重要性，了解食品中过氧化值超标对健康的影响，培养社会责任感和使命感。

二、工作原理

本任务参照GB 5009.227—2023《食品安全国家标准　食品中过氧化值的测定》第一法：指示剂滴定法。经制备的油脂试样在三氯甲烷-冰乙酸溶液中溶解，其中的过氧化物与碘化钾反应生成碘，用硫代硫酸钠标准滴定溶液滴定析出的碘，用过氧化物相当于碘的质量分数或1kg样品中活性氧的毫摩尔数表示过氧化值的量。

GB 5009.227—2023

三、试剂仪器

1. 试剂

（1）水　GB/T 6682—2008规定的三级水。

（2）冰乙酸。

（3）三氯甲烷。

（4）碘化钾。

（5）三氯甲烷-冰乙酸溶液（2+3）　将三氯甲烷和冰乙酸按2∶3的体积比混合均匀。

（6）无水硫酸钠。

（7）可溶性淀粉。

（8）丙酮（CH_3COCH_3）。

（9）硫代硫酸钠。

（10）淀粉指示剂（10g/L）　称取1g可溶性淀粉，加入约5mL水使其呈糊状，在搅拌下将95mL沸水加到糊状物中，再煮沸1~2min，冷却，临用现配。

（11）碘化钾饱和溶液　称取约16g碘化钾，加入10mL适量新煮沸冷却的水，摇匀后贮于棕色瓶中，盖塞，于避光处保存备用。

（12）硫代硫酸钠标准滴定溶液（0.1mol/L）　按照GB/T 5009.1—2003《食品卫生检验方法　理化部分　总则》要求进行配制和标定。

（13）硫代硫酸钠标准滴定溶液（0.01mol/L）　由0.1mo1/L硫代硫酸钠标准滴定溶液以新煮沸冷却的水稀释而成。临用现配。

（14）硫代硫酸钠标准滴定溶液（0.002mol/L）　由0.01mo1/L硫代硫酸钠标准滴定溶液以新煮沸冷却的水稀释而成。临用现配。

2.仪器

（1）250mL碘量瓶。

（2）50mL量筒。

（3）5mL吸量管。

（4）50mL滴定管。

（5）电子分析天平。

四、操作方法

1. 样品的采集制备

样品制备过程应避免强光。制备后油脂密闭保存，尽快测定。

2. 样品的测定

称取制备的试样2~3g（精确至0.001g）置于250mL碘量瓶中，加入30mL三氯甲烷-冰乙酸溶液，轻轻振摇试样至完全溶解。准确加入1.00mL碘化钾饱和溶液，塞紧瓶盖，并轻轻振摇0.5min，在暗处放置3min。取出加100mL水，摇匀后立即用硫代硫酸钠标准滴定溶液（过氧化值估计值≤0.15g/100g时，用0.002mol/L标准滴定溶液；过氧化值估计值>0.15g/100g时，用0.01mol/L标准滴定溶液）滴定析出的碘，滴定至淡黄色时，加1mL淀粉指示剂，继续滴定并强烈振摇至溶液蓝色消失为终点。同时进行空白试验。当空白试验消耗0.01mol/L硫代硫酸钠溶液超过0.1mL，应更换试剂，重新对样品进行测定。试样测定过程应避免在阳光直射下进行。

五、数据处理

用1kg样品中活性氧的毫摩尔数表示试样过氧化值可按式（4–12）计算：

$$P=\frac{1000\left(V-V_0\right)c}{2m} \tag{4-12}$$

式中 P——试样的过氧化值，mmol/kg；

V——用于测定消耗的硫代硫酸钠标准滴定溶液的体积，mL；

V_0——用于空白消耗的硫代硫酸钠标准滴定溶液的体积，mL；

c——硫代硫酸钠标准滴定溶液的浓度，mol/L；

1000——物质的量由摩尔折算为毫摩尔的换算系数；

2——硫代硫酸钠和活性氧之间的转换系数；

m——试样的质量，g。

计算结果以重复性条件下获得的两次独立测定结果的算术平均值表示，结果保留两位有效数字。

知识链接

一、粮油及制品概述

众所周知，中国不仅是一个人口大国，同时也是一个粮食、油料的生产、消费和加工大国。2023年全国粮食总产量13908.2亿斤，比上年增加177.6亿斤，增长1.3%，连续9年稳定在1.3万亿斤以上。预计今年，我国农业生产将继续向好，粮食总产量预计达1.405万亿斤。就粮油加工而言，我国的粮油加工能力、企业数量均属世界之最。

粮油加工是指对原粮、油料等基本原料进行处理制成成品粮油及其制品的过程。其中主要包括：稻谷加工、玉米加工、小麦制粉及杂粮加工、植物油加工和粮油加工机械设备的制造。粮油加工业是粮油再生产过程中的重要环节和基础性行业，是粮油产业化经营（或者说粮油产业链）中的重要组成部分，是搞活粮油经营，提升粮油附加值不可缺少的中间环节，也是食品工业的基础工业，粮油加工的产品与人民生活息息相关，是一个永不衰败的朝阳工业。

随着工业化的进程，环境污染在加剧，植物的生长环境在进一步恶化。与此同时，食品加工的“工业化”也在加快，成品、半成品在食物消费中的比重逐渐增加，因此人们越来越关心在植物生长过程中对食品原料的污染，同时也关心在加工过程中对食品品质的影响。今后，人们在关心食品外表质量的同时，将会更加关心米、面、油产品的内在质量，如农药残留、过氧化值、黄曲霉毒素等有害物质。因此，在粮油加工中努力消除和防止粮油产品的再度污染是现在企业首先应该做的。与此同时，粮油加工中产生的粉尘、灰尘和污水的排放将直接对环境的污染产生影响。对此，要按照国家规定的排放标准进行相应处理。

二、粮油及制品原辅材料

粮食食品原料主要是指田间栽培的各种粮食作物所产生的果实和种子。粮食作物属于绿色高等植物，能够从土壤中吸收水分和无机养料，同时利用太阳能进行光合作用，把二氧化碳和水合成为糖和淀粉，并将含氮的无机盐合成蛋白质等有机物。粮食食品原料的果实和种子中含有大量的营养物质，可供人类食用。此外，某些植物的块茎、块根中有丰富的贮藏养料，也可作为粮食进行食用。

每一种粮油食品原料都是由各种不同的化学物质按一定的比例组成的，了解每一种原料的化学成分的含量与分布，去掉原料中人体所不能利用的化学成分，保留人体所需要的营养成分，有利于该原料的加工与利用。

1. 稻谷与大米

现代的栽培稻分属于禾本科稻属植物的两个种，即普通栽培和光稃栽培稻。稻属植物除了上述两个栽培品种外，还有大概20个野生稻种，分布于世界热带和亚热带地区。根据栽培稻分布的纬度和海拔高低的不同，分为粳稻和籼稻。它们的主要生态因子是温度。高纬度的高海拔地区，水稻生育前、后期的温度一般较低，以栽培粳稻为主。反之，低纬度的低海拔地区，以栽培籼稻为主。根据栽培稻品种的熟期性和季节的分布，在粳稻和籼稻中再各分晚稻和早稻两大类。影响晚稻和早稻类型分化的主要生态因子是因为纬度和季节而异的日长条件。根据栽培地区土壤水分的生态条件不同可分为水稻和旱稻，其主要差别就在于品种耐旱性的不同。大多数谷物都有黏、糯之分，这是根据它们所含淀粉性质的不同而分类的。一般以黏稻为主食，而糯稻一般作为副食。

2. 小麦与面粉

小麦是一种旱地农作物，适于机械耕种，播种面积和产量在世界粮食作物中均占第一位，在我国仅次于稻谷，占第二位，是一种非常重要的粮食作物。

小麦中蛋白质含量比大米高，一般硬质粒比软质粒含量高，在干燥少雨的地区以及含氮肥多的土壤中生长的小麦，其蛋白质含量高。因此，我国生产的小麦蛋白质含量，自南而北随着降雨量和相对湿度的减少而逐渐增加。小麦中还含有丰富的维生素，主要分布在胚和糊粉层中。但是小麦加工精细度越高，营养物质损失的就越多。小麦在食品品质上的特点是含有大量面筋。面筋在面团发酵时能够形成面筋网络，从而保持住面团中酵母发酵所产生的气体，使蒸烤的馒头、面包等食品具有松软可口、多孔的特点，利于人体的消化和吸收。

3. 玉米和玉米粉

玉米是喜温作物，适于旱田栽培，对土壤的要求不高，适应性强，生育期短，在温热地带可以一年二熟到三熟。近年来，世界各地广泛利用杂种优势，玉米生产发展速度很快，目前世界上玉米的播种面积和产量仅次于小麦居第二位，在我国也仅次于水稻和小麦居第三位，在粮食生产中占有极其重要的地位。

玉米是我国北方和西南山区及其他旱谷地区的主要粮食之一。玉米籽粒还是良好的精饲料，它的绿色茎叶也是非常好的青饲料和青贮饲料。工业上玉米籽粒可以制成淀粉、粉丝、糖浆、醋酸、丙酮等；玉米的胚中含有大量的脂肪，可以榨油，油饼还可以酿酒、制造饴糖等。

4. 大豆

大豆又称黄豆，属蝶形花亚科大豆属，属喜温作物，对光照的强弱很敏感。大豆是粮油兼用作物，是所有粮食作物中蛋白质含量最高的一种，而且蛋白质中赖氨酸和色氨酸含量都较高，因此其营养价值仅次于肉、蛋、乳。大豆蛋白质的含量较高，氨基酸组成也较合理，因此人们食用大豆主要是利用它的蛋白质。

蛋白质与脂肪是大豆中的两大主要成分，而我国大豆主栽品种多属蛋白质与脂肪较均衡的类型，单项指标表现不突出，这就大大降低了出口大豆的商品等级和价值。目前大豆育种工作者均在研究选育不同的品种，以适应不同用途的需要。

5. 花生

花生又称长生果、地果、唐人果，由于它在枝上开花，落地后在地下结果，通常又称落花生。花生是豆科落花生属的一年生草本植物，喜高温干燥，不耐霜冻，适于砂质土壤种植。花生是我国主要的油料作物之一，其中蛋白质含量比一般谷类高2~3倍，同时，由于花生中的蛋白质主要是球蛋白，其氨基酸构成比例接近于动物蛋白质，容易被人体消化和吸收，所以，花生和大豆一样，被誉为“植物肉”，有较高的营养价值。但花生蛋白质中的甲硫氨酸和色氨酸含量比较低，因此不及动物蛋白质。

6. 油菜

油菜为一年生或越年生草本植物，适应性强，对土壤要求不严格。油菜籽含油量高，是大豆的两倍，比棉籽高5%左右，是我国食用油的主要来源之一，含芥酸低的菜籽油可制造人造奶油等食品。菜籽饼含有丰富的营养物质，不含芥子苷的菜籽饼是畜禽的精饲料，目前在我国主要用作肥料，是农业上重要的有机肥料之一。此外，油菜还是很好的蜜源作物。油菜是我国最重要的油料作物之一，常年种植面积在1亿亩左右，占油料种植总面积50%以上，产量占油料总产40%以上，居全国首位。

7. 甘薯、马铃薯与魔芋

甘薯别名甜薯，属薯蓣科、薯蓣属缠绕草质藤本植物，是一种非常重要的旱粮作物。目前在我国，除青藏高原、新疆、宁夏、内蒙古等地外，其他地区均有栽培，但以黄淮平原、四川、长江中下游和东南沿海栽培面积较大。

马铃薯又名洋山芋、土豆、洋番芋等。在植物学分类上属茄科茄属，为一年生草本植物。马铃薯产量高，块茎营养丰富，又是粮、菜兼用的作物，现已成为世界上仅次于稻、麦、玉米的四大粮食作物之一。

魔芋为被子植物门单子叶植物纲天南星科魔芋属植物。魔芋块茎呈扁球形，其用途广泛，可用于食品、医药和其他工业等方面。但魔芋有毒性，食用时须经加工。目前市场上所售的产品均是经加工成魔芋干、魔芋精粉或魔芋粉丝后再食用的。

8. 小杂粮

小杂粮泛指生育期短、种植面积少、种植地区和种植方法特殊、有特种用途的多种粮豆，可以说除水稻、小麦、玉米、大豆和薯类五大作物外的粮豆作物均属小杂粮。我国栽培面积较大的有荞麦、糜子、谷子、高粱、燕麦、青稞、绿豆、小豆、豌豆、蚕豆、豇豆、芸豆和小扁豆等。我国荞麦、糜子栽培面积和产量都占世界第二位，蚕豆占世界产量的一半，绿豆、小豆占世界产量的1/3，我国是燕麦、豇豆、小扁豆的主产国，故我国有“小杂粮王国”之称。小杂粮具有丰富的营养、独特的品质，其加工产品的风味良好。

三、粮油及制品检测指标

粮食检验应该按照所要检测的产品标准要求进行检测，主要检测纯粮率、色泽、气味、水分、杂质、不完善粒、生霉粒、粗细度、灰分、农药残留和重金属等。

油脂检验主要包括色泽、气味、相对密度、折光指数、加热试验、冷冻试验、酸值、杂质、过氧化值、含皂量、溶剂残留等项目。

（1）稻谷的检测指标　见表4-4。

表4-4　稻谷的检测指标

项目	籼稻谷			粳稻谷		
	宜存	不宜存	陈化	宜存	不宜存	陈化
回归评分值/分	≥70	<70	—	≥70	<70	—
脂肪酸值/(mgKOH/100g)	≤30	≤37	>37	≤25	≤35	>35
黏度/（mm^2/s）	≥4.5	≥2.5	<2.5	≥10	≥4	<4
品尝评分值/分	≥70	≥60	<60	≥70	≥60	<60
色泽	正常	正常	不正常	正常	正常	不正常
气味	正常	正常	有异味	正常	正常	有异味

（2）小麦和玉米的检测指标　见表4-5。

表4-5　小麦和玉米的检测指标

项目	小　麦			玉　米		
	宜存	不宜存	陈化	宜存	不宜存	陈化
回归评分值/分	—	—	—	≥70	<70	—
脂肪酸值/(mgKOH/100g)	—	—	—	≤65	≤78	>78
黏度/（mm^2/s）	≥4	<4	—	—	—	—
面筋吸水量/%	≥180	<180	—	—	—	—
品尝评分值/分	≥70	≥60且<70	<60	≥70	≥60	<60
色泽	正常	正常	不正常	正常	正常	不正常
气味	正常	正常	有异味	正常	正常	有异味

（3）大豆的检测指标　见表4-6。

表4-6　大豆的检测指标

项目	宜存	不宜存	陈化
粗脂肪酸值/（mgKOH/g）	≤3.5	≤5	>5
蛋白质溶解比率/%	≥75	≥60	<60
色泽	正常	正常	不正常
气味	正常	正常	有异味

（4）植物油的检测指标　见表4-7。

表4-7 植物油的检测指标

项目	宜存	不宜存
过氧化值/（g/100g）	≤0.23	>0.23
酸值/（mgKOH/g）	≤2.8	>2.8

拓展阅读 食品行业职业道德

一、职业道德是什么，注重职业道德有什么作用

职业道德，就是同人们的职业活动紧密联系的符合职业特点所要求的道德准则、道德情操与道德品质的总和，它既是对本职人员在职业活动中行为的要求，同时又是职业对社会所负的道德责任与义务。职业道德是指人们在职业生活中应遵循的基本道德，即一般社会道德在职业生活中的具体体现，是职业品德、职业纪律、专业胜任能力及职业责任等的总称，属于自律范围，它通过公约、守则等对职业生活中的某些方面加以规范。

职业道德是社会道德体系的重要组成部分，它一方面具有社会道德的一般作用，另一方面又具有自身的特殊作用，具体表现在以下方面。

1. 调节食品行业职业交往中从业人员内部以及从业人员与服务对象间的关系

食品行业职业道德的基本职能是调节职能。它一方面可以调节食品从业人员内部的关系，即运用职业道德规范约束食品行业职业内部人员的行为，促进食品行业职业内部人员的团结与合作，如食品行业职业道德规范要求从业人员都要团结、互助、爱岗、敬业、齐心协力地发展食品行业、食品服务；另一方面，食品行业职业道德又可以调节食品从业人员和服务对象之间的关系，如食品行业职业道德规定了食品生产人员要怎样对用户负责，食品营销人员怎样对顾客负责等。

2. 有助于维护和提高食品行业的信誉

食品行业、食品企业的信誉，也就是它们的形象、信用和声誉，是指食品企业及其产品与服务在社会公众中的信任程度，提高食品企业的信誉主要靠产品的质量和服务质量，而食品从业人员职业道德水平高是产品质量和服务质量的有效保证。若食品行业人员职业道德水平不高，很难生产出优质的产品和提供优质的服务，进而该食品企业的声誉也受到严重损害。

3. 促进食品行业的发展

食品行业、企业的发展有赖于高的经济效益，而高的经济效益源于高的员

工素质。员工素质主要包含知识、能力、责任心三个方面，其中责任心是最重要的。食品行业职业道德水平高的从业人员往往责任心很强。因此，食品行业职业道德能促进食品行业较好地发展。

4. 有助于提高全社会的道德水平

食品行业职业道德不仅是一个企业文化建设的主要内容，也是整个社会道德的主要内容。食品行业职业道德一方面涉及每个食品从业人员如何对待职业，如何对待工作，同时也是一个食品从业人员的生活态度、价值观念的表现，是一个人的道德意识、道德行为发展的成熟阶段，具有较强的稳定性和连续性。另一方面，食品行业职业道德也是一个职业集体，甚至一个食品行业全体人员的行为表现，如果其他行业以及其他职业集体也都具备优良的道德素养，对整个社会道德水平的提高肯定会发挥重要作用。

二、怎样提高食品从业人员的职业道德

食品从业人员的职业道德包括很多方面，如敬业爱岗、尽职尽责，语言亲切、态度和蔼，团结协作、维护集体荣誉，不为名利，确保食品安全等。而最重要的就是要确保食品安全，提供放心食品，让老百姓放心消费。对于提高食品从业人员的职业道德，应该从以下几个方面进行努力。

1. 食品从业人员应树立“三心”，用“三心”来不断完善自己

“三心”即为良心、爱心和责任心。要凭良心做事，讲点良知，不能只顾个人利益，不管他人安危。要有点爱心，食品都是入口的，与生命健康息息相关。要有点责任心，既然做食品，对企业承担着责任，对老百姓承担着责任，对社会承担着责任。

2. 在短期的经济效益与企业的长久发展的矛盾中寻求有机结合，不断提高自己

2024年，315晚会曝光的梅菜扣肉“槽头肉”事件，再次将食品安全问题推到了公众视线的焦点。涉事企业使用劣质槽头肉作为原材料，这一行为不仅引发了公众的强烈愤慨，更让人对预制食品行业的安全问题产生了深度的反思。做食品企业，不能只图眼前利益，而要考虑长远发展，只有真正将企业做大做强了，既对消费者负责，也对社会有益，同时也能给自己带来利润。因此必须处理好短期的经济效益与企业的长久发展的关系，寻求有机结合，不断提高自己的职业道德。

3. 突出企业第一责任人这个主体，在食品行业诚信体系建设中不断修炼自己

食品生产经营企业应当把诚信经营、道德建设摆上重要的议事日程，高度重视企业信用体系建设，开展诚信经营，树立“诚实立身，信誉立业”的良好形象。不仅要加大食品从业人员的培训力度，而且要加强法律法规和行业职业

道德建设，进而提高食品从业人员素质，规范行业管理，形成食品行业“生命至上、安全为先、合法获利、取之有道”的良好道德风气。以职业道德作为引领，不断强化管理，加强行业自律，完善各项工作制度，促进长效机制的建立。相关职能部门要着力推进食品生产经营企业信用评估机制建设，建立食品从业企业诚信档案，建立信用数据库，实行网上查询，并把信用等级列入企业考核指标体系。根据食品企业的信用评级，实行信用分类监管，对不同信用等级的食品企业实行分类等级化监管。

4. 严格执法，加强食品行业专项整治，不断锤炼从业人员的道德情操

把强化执法作为构筑食品行业道德底线的基本手段，启动食品安全、食品卫生专项整治，全面开展食品安全联合大检查和食品生产经营各环节专项整治，确保食品安全工作上档次，上台阶。多年来，一直狠抓食品安全，通过严把准入关，加大培训力度，加强日常巡查监管，及时受理处置食品安全消费纠纷，查处食品安全违法案件等。这几年食品安全工作取得了一些成绩，但也还是存在一些问题。从现在开始，应计划分行业、分块先进行培训，让食品从业人员知道为何做，怎么做，然后经过一段时间对自我进行整改。整改不到位的人员，应将依法依规进行处理。

思考练习

1. 为什么将灼烧后的残留物称为粗灰分？粗灰分与无机盐含量之间有何区别？
2. 对于难灰化的样品可采取什么措施加速灰化？
3. 预灰化的目的是什么？
4. 用于提高灰化速度的方法有哪些？
5. 在淀粉水解时，盐酸浓度和水解时间对测定结果有哪些影响？
6. 测定淀粉时，进行样品处理，为什么要用乙醚洗涤样品，若不这么做，会产生什么影响？
7. 酶水解法测定淀粉的优缺点。
8. 黄曲霉毒素容易造成哪些食品污染？简述其测定方法。
9. 粗纤维是指什么？
10. 在测定粗纤维的试验中，残留物灼烧前后的质量之差指的是什么？
11. 按栽培稻品种的分类将稻谷与大米分为哪几类？
12. 小麦作为粮油食品原料的营养价值是什么？
13. 小杂粮泛指什么？

14. 哪几种粮油食品原料被称为“植物肉”？
15. 粮油及其制品中油脂密度测定的实验原理是什么？
16. 粮食的容重受哪些因素影响？
17. 对于过氧化值测定的试验中，空白试验的作用是什么？
18. 哪些方法可以对油脂的新鲜度进行测定？
19. 随着贮存期的延长和油脂的酸败，油脂酸值是如何变化的？
20. 简述怎样提高食品从业人员的职业道德。

项目五　肉蛋及制品检测

任务一　皮蛋中铅的测定

一、任务目标

（1）掌握铅的测定方法及原理。

（2）熟练使用原子吸收光谱仪等实验仪器，进行皮蛋样品的消解、提取、测定等操作。

（3）积极在实验过程中进行团队协作，共同完成任务，培养团队协作精神和集体荣誉感；实验过程中产生的废弃物应妥善处理，防止环境污染，培养环保意识。

二、工作原理

本任务参照GB 5009.12—2023《食品安全国家标准　食品中铅的测定》第一法：石墨炉原子吸收光谱法。试样消解处理后，经石墨炉原子化，在283.3nm处测定吸光度。在一定浓度范围内，铅的吸光度与铅含量成正比，与标准系列比较定量。

GB 5009.12—2023

三、试剂仪器

1. 试剂

（1）水　GB/T 6682—2008规定的二级水。

（2）硝酸。

（3）高氯酸。

（4）磷酸二氢铵。

（5）硝酸钯。

（6）硝酸溶液（5+95）　量取50mL硝酸，缓慢加入950mL水中，混匀。

（7）硝酸溶液（1+9）　量取50mL硝酸，缓慢加入450mL水中，混匀。

（8）磷酸二氢铵-硝酸钯溶液　称取0.02g硝酸钯，加少量硝酸溶液（1+9）溶解后，再加入2g磷酸二氢铵，溶解后用硝酸溶液（5+95）定容至100mL，混匀。

（9）硝酸铅标准品　纯度>99.99%，或经国家认证并授予标准物质证书的一定浓度的铅标准溶液。

（10）铅标准储备液（1000mg/L）　准确称取1.5985g（精确至0.0001g）硝酸铅，用少量硝酸溶液（1+9）溶解，移入1000mL容量瓶，加水至刻度，混匀。

（11）铅标准中间液（10.0mg/L）　准确吸取铅标准储备液（1000mg/L）1.00mL于100mL容量瓶中，加硝酸溶液（5+95）定容至刻度，混匀。

（12）铅标准使用液（1.00mg/L）　准确吸取铅标准中间液10.00mL于100mL容量瓶中，用硝酸溶液（5+95）定容至刻度，混匀。

（13）铅标准系列溶液　分别吸取铅标准使用液（1.00mg/L）0，0.2，0.5，1.0，2.0，4.0mL于100mL容量瓶中，加硝酸溶液（5+95）至刻度，混匀。此铅标准系列溶液的质量浓度分别为0，2.0，5.0，10.0，20.0和40.0μg/L。

2. 仪器

（1）原子吸收光谱仪　配石墨炉原子化器，附铅空心阴极灯（图5-1）。

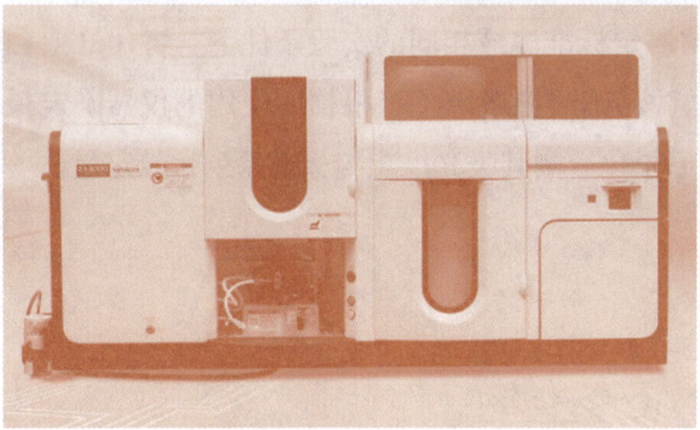

图5-1　原子吸收光谱仪

（2）分析天平　感量0.1mg和1mg。

（3）可调式电热炉。

（4）可调式电热板。

（5）恒温干燥箱。

四、操作方法

1. 样品的采集制备

在市面上购买的皮蛋，用食品加工机或匀浆机打成匀浆，贮存在塑料瓶中保存备用。在采集和制备过程中，应注意不使试样污染。

2. 样品的测定

（1）湿法消解　称取试样0.2~3g（精确至0.001g）于带刻度消化管中，加入10mL硝酸和0.5mL高氯酸，在可调式电热炉上消解（参考条件：120℃/0.5~1h；升至180℃/2~4h、升至200~220℃）。若消化液呈棕褐色，再加少量硝酸，消解至冒白烟，消化液呈无色透明或略带黄色，赶酸至近干，停止消解，冷却后用水定容至10mL，混匀备用。同时做试剂空白试验。亦可采用锥形瓶，于可调式电热板上，按上述操作方法进行湿法消解。

（2）仪器参考条件　根据各自仪器性能调至最佳状态，参考表5-1。

表5-1　原子吸收光谱仪参考条件

元素	波长/nm	狭缝/nm	灯电流/mA	干燥	灰化	原子化
铅	283.3	0.5	8~12	85~120℃/40~50s	750℃/20~30s	2300℃/4~5s

（3）标准曲线制作　按质量浓度由低到高的顺序分别将10μL铅标准系列溶液和5μL磷酸二氢铵-硝酸钯溶液（可根据所使用的仪器确定最佳进样量）同时注入石墨炉，原子化后测其吸光度，以质量浓度为横坐标，吸光度为纵坐标，制作标准曲线。

（4）试样溶液测定　在与测定标准溶液相同的实验条件下，将10μL空白溶液或试样溶液与5μL磷酸二氢铵-硝酸钯溶液（可根据所使用的仪器确定最佳进样量）同时注入石墨炉，原子化后测其吸光度，与标准系列比较定量。

五、数据处理

试样中铅的含量可按式（5-1）计算：

$$X=\frac{(\rho-\rho_0)\times V}{m\times 1000} \tag{5-1}$$

式中　X——试样中铅的含量，mg/kg；

ρ——试样溶液中铅的质量浓度，μg/L；

ρ_0——空白溶液中铅的质量浓度，μg/L；

V——试样消化液的定容体积，mL；

m——试样称样量或移取体积，g；

1000——换算系数。

当铅含量≥1.00mg/kg时，计算结果保留三位有效数字；当铅含量<1.00mg/kg时，计算结果保留两位有效数字。

任务二　火腿中食盐的测定

一、任务目标

（1）掌握银量法测定氯化钠的原理及方法。

（2）掌握硝酸银标准滴定溶液的配制与标定。

（3）培养团队协作精神，增强集体荣誉感和归属感，注重沟通、协调、合作和共赢。

二、工作原理

本任务参照GB 5009.44—2016《食品安全国家标准　食品中氯化物的测定》第三法：银量法。样品经处理后，以铬酸钾为指示剂，用硝酸银标准滴定溶液滴定试液中的氯化物。根据硝酸银标准滴定溶液的消耗量，计算样品中氯化钠的含量。

GB 5009.44—2016

三、试剂仪器

1. 试剂

（1）水　GB/T 6682—2008规定的三级水。

（2）铬酸钾。

（3）氢氧化钠。

（4）酚酞。

（5）硝酸。

（6）乙醇　纯度≥95%。

（7）基准氯化钠　纯度≥99.8%。

（8）铬酸钾溶液（5%）　称取5g铬酸钾，加水溶解，并定容到100mL。

（9）铬酸钾溶液（10%）　称取10g铬酸钾，加水溶解，并定容到100mL。

（10）氢氧化钠溶液（0.1%）　称取0.1g氢氧化钠，加水溶解，并定容到100mL。

（11）硝酸溶液（1+3）　将1体积的硝酸加入3体积水中，混匀。

（12）酚酞乙醇溶液（1%）　称取1g酚酞，溶于60mL乙醇中，用水稀释至100mL。

（13）乙醇溶液（80%） 84mL 95%乙醇与15mL水混匀。

（14）硝酸银标准滴定溶液（0.1mol/L）

①称取17g硝酸银，溶于少量硝酸溶液中，转移到1000mL棕色容量瓶中，用水稀释至刻度，摇匀，转移到棕色试剂瓶中贮存。

②0.1mol/L硝酸银标准滴定溶液标定：称取经500~600℃灼烧至恒重的基准试剂氯化钠0.05~0.10g（精确至0.1mg），于250mL锥形瓶中。用约70mL水溶解，加入1mL铬酸钾溶液（5%），边摇动边用硝酸银标准滴定溶液滴定，颜色由黄色变为橙黄色（保持1min不褪色）。记录消耗硝酸银标准滴定溶液的体积（V_1）。

（15）沉淀剂Ⅰ 称取106g亚铁氰化钾，加水溶解并定容到1L，混匀。

（16）沉淀剂Ⅱ 称取220g乙酸锌，溶于少量水中，加入30mL冰乙酸，加水定容到1L，混匀。

2. 仪器

（1）组织捣碎机。

（2）粉碎机。

（3）研钵。

（4）涡旋振荡器。

（5）超声波清洗器。

（6）恒温水浴锅。

（7）离心机 转速≥3000r/min。

（8）pH计 精度±0.1。

（9）天平 感量0.1mg和1mg。

（10）瓷坩埚。

四、操作方法

1. 样品的采集

在市面上购买火腿，切碎备用。

2. 样品的制备

（1）试样制备 取有代表性的火腿样品至少200g，用粉碎机粉碎或用研钵研细，置于密闭的玻璃容器内。

（2）试样溶液制备 称取约5g试样（精确至1mg）于瓷坩埚中，小火炭化完全，炭化成分用玻璃棒轻轻研碎，然后加25~30mL水，小火煮沸，冷却，过滤于100mL容量瓶，并用热水少量多次洗涤残渣及滤器，洗液并入容量瓶中，冷至室温，加水至刻度，取部分滤液测定。

3. 样品的测定

（1）pH6.5～10.5的试液　移取50.0mL滤液（V_2），于250mL锥形瓶中，加入50mL水和1mL铬酸钾溶液（5%）。滴加1～2滴硝酸银标准滴定溶液，此时，滴定液应变为棕红色，如不出现这一现象，应补加1mL铬酸钾溶液（10%），再边摇动边滴加硝酸银标准滴定溶液，颜色由黄色变为橙黄色（保持1min不褪色）。记录消耗硝酸银标准滴定溶液的体积（V_3）。

（2）pH<6.5的试液　移取50.0mL滤液（V_2），于250mL锥形瓶中，加50mL水和0.2mL酚酞乙醇溶液，用氢氧化钠溶液滴定至微红色，加1mL铬酸钾溶液（10%），再边摇动边滴加硝酸银标准滴定溶液，颜色由黄色变为橙黄色（保持1min不褪色），记录消耗硝酸银标准滴定溶液的体积（V_3）。同时做空白试验，记录消耗硝酸银标准滴定溶液的体积（V_0）。

五、数据处理

1. 硝酸银标准滴定溶液的标定计算

硝酸银标准滴定溶液的浓度可按式（5-2）计算：

$$c=\frac{m_0}{0.0585\times V_1} \tag{5-2}$$

式中　c——硝酸银标准滴定溶液的浓度，mol/L；

0.0585——与1.0mL硝酸银标准滴定溶液［$c(AgNO_3)$=1.000mol/L］相当的氯化钠的质量，g；

V_1——滴定试液时消耗硝酸银标准滴定溶液的体积，mL；

m_0——氯化钠的质量，g。

2.样品滴定结果计算

试样中氯化钠的含量可按式（5-3）计算：

$$X=\frac{0.0585\times c(V_3-V_0)\times V}{m\times V_2}\times 100 \tag{5-3}$$

式中　X——试样中氯化钠的含量（以氯计），%；

0.0585——与1.0mL硝酸银标准滴定溶液［$c(AgNO_3)$=1.000mol/L］相当的氯化钠的质量，g；

c——硝酸银标准滴定溶液的浓度，mol/L；

V_2——用于滴定的试样体积，mL；

V_3——滴定试液时消耗的硝酸银标准滴定溶液体积，mL；

V_0——空白试验消耗的硝酸银标准滴定溶液体积，mL；

V——样品定容体积，mL；

m——试样质量，g。

当氯化物含量≥1%时，结果保留三位有效数字；当氯化物含量＜1%时，结果保留两位有效数字。

任务三　午餐肉中脂肪的测定

一、任务目标

（1）掌握午餐肉中脂肪的测定原理、操作步骤和数据处理方法。

（2）能够独立完成午餐肉样品的采集、制备和脂肪含量的测定。

（3）注重对实验结果的责任感，确保每一个步骤都严格按照国家标准进行；认识到食品安全检测工作的重要性，作为检测人员，要对公众健康负责。

二、工作原理

GB 5009.6—2016

本任务参照GB 5009.6—2016《食品安全国家标准　食品中脂肪的测定》第一法：索氏抽提法。脂肪易溶于有机溶剂。试样直接用无水乙醚或石油醚等溶剂抽提后，蒸发除去溶剂，干燥，得到游离态脂肪的含量。

三、试剂仪器

1. 试剂

（1）水　GB/T 6682—2008规定的三级水。

（2）无水乙醚。

（3）石油醚　石油醚沸程为30~60℃。

2. 仪器

（1）索氏抽提器。

（2）恒温水浴锅。

（3）分析天平　感量0.001g和0.0001g。

（4）电热鼓风干燥箱。

（5）干燥器　内装有效干燥剂，如硅胶。

（6）滤纸筒。

（7）蒸发皿。

四、操作方法

1. 样品的采集制备

在市面上购买午餐肉，用粉碎机粉碎过40目筛，称取充分混匀后的试样2~5g，准确至0.001g，全部移入滤纸筒内。

2. 样品的测定

（1）抽提　将滤纸筒放入索氏抽提器的抽提筒内，连接已干燥至恒重的接收瓶，由抽提器冷凝管上端加入无水乙醚或石油醚至瓶内容积的2/3处，于水浴上加热，使无水乙醚或石油醚不断回流抽提（6~8次/h），一般抽提6~10h。提取结束时，用磨砂玻璃棒接取1滴提取液，磨砂玻璃棒上无油斑表明提取完毕。

（2）称量　取下接收瓶，回收无水乙醚或石油醚，待接收瓶内溶剂剩余1~2mL时在水浴上蒸干，再于（100±5）℃干燥1h，放干燥器内冷却0.5h后称量。重复以上操作直至恒重（直至两次称量的差不超过2mg）。

五、数据处理

试样中脂肪的含量可按式（5-4）计算：

$$X=\frac{m_1-m_0}{m_2}\times 100 \tag{5-4}$$

式中　X——试样中脂肪的含量，g/100g；

m_1——恒重后接收瓶和脂肪的含量，g；

m_0——接收瓶的质量，g；

m_2——试样的质量，g；

100——换算系数。

计算结果表示到小数点后一位。

任务四　香肠中亚硝酸盐的测定

一、任务目标

（1）掌握亚硝酸盐的测定原理及步骤。

（2）准确计算并报告香肠中亚硝酸盐的含量，了解不同食品中亚硝酸盐的限量标准。

（3）树立正确的职业观念，认识到食品安全检测工作的重要性和意义；培养职业道德和职业操守，确保在工作中遵守法律法规和道德规范，维护食品行业的良好形象和声誉。

二、工作原理

本任务参照GB 5009.33—2016《食品安全国家标准　食品中亚硝酸盐与硝酸盐的测定》第一法：离子色谱法。试样经沉淀蛋白质、除去脂肪后，采用相应的方法提取和净化，以氢氧化钾溶液为淋洗液，阴离子交换柱分离，电导检测器或紫外检测器检测。以保留时间定性，外标法定量。

GB 5009.33—2016

三、试剂仪器

1. 试剂

（1）水　GB/T 6682—2008规定的一级水。

（2）乙酸。

（3）氢氧化钾。

（4）乙酸溶液（3%）　量取乙酸3mL于100mL容量瓶中，以水稀释至刻度，混匀。

（5）氢氧化钾溶液（1mol/L）　称取6g氢氧化钾，加入新煮沸过的冷水溶解，并稀释至100mL，混匀。

（6）亚硝酸钠（$NaNO_2$，CAS号：7632-00-0）　基准试剂，或采用具有标准物质证书的亚硝酸盐标准溶液。

（7）硝酸钠（$NaNO_3$，CAS号：7631-99-4）　基准试剂，或采用具有标准物质证书的硝酸盐标准溶液。

（8）亚硝酸盐标准储备液（100mg/L，以NO_2^-计，下同）　准确称取0.1500g于110~120℃干燥至恒重的亚硝酸钠，用水溶解并转移至1000mL容量瓶中，加水稀释至刻度，混匀。

（9）硝酸盐标准储备液（1000mg/L，以NO_3^-计，下同）　准确称取1.3710g于110~120℃干燥至恒重的硝酸钠，用水溶解并转移至1000mL容量瓶中，加水稀释至刻度，混匀。

（10）亚硝酸盐和硝酸盐混合标准中间液　准确移取亚硝酸根离子和硝酸根离子的标准储备液各1.0mL于100mL容量瓶中，用水稀释至刻度，此溶液每升含亚硝酸根离子1.0mg和硝酸根离子10.0mg。

（11）亚硝酸盐和硝酸盐混合标准使用液　移取亚硝酸盐和硝酸盐混合标准中间液，加水逐级稀释，制成系列混合标准使用液，亚硝酸根离子浓度分别为0.02，0.04，0.06，0.08，0.10，0.15，0.20mg/L；硝酸根离子浓度分别为0.2，0.4，0.6，0.8，1.0，1.5，2.0mg/L。

2. 仪器

（1）离子色谱仪　配电导检测器及抑制器或紫外检测器，高容量阴离子交换柱，50μL定量环（图5-2）。

（2）食物粉碎机。

（3）超声波清洗器。

（4）分析天平　感量为0.1mg和1mg。

（5）离心机　转速≥10000r/min，配

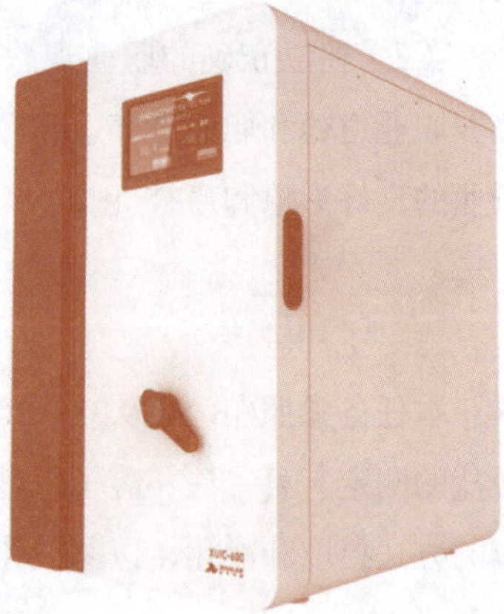

图5-2　离子色谱仪

50mL离心管。

（6）0.22μm水性滤膜针头滤器。

（7）净化柱　包括C_{18}柱、Ag柱和Na柱或等效柱。

（8）注射器　1.0mL和2.5mL。

注：所有玻璃器皿使用前均需依次用2mol/L 氢氧化钾和水分别浸泡4h，然后用水冲洗3~5次，晾干备用。

四、操作方法

1. 样品的采集制备

将样品用四分法取适量或取全部，用食物粉碎机制成匀浆，备用。

2. 样品的测定

（1）提取　称取试样匀浆5g（精确至0.001g），置于150mL具塞锥形瓶中，加入80mL水，超声提取30min，每隔5min振摇1次，保持固相完全分散。于75℃水浴中放置5min，取出放置至室温，定量转移至100mL容量瓶中，加水稀释至刻度，混匀。溶液经滤纸过滤后，取部分溶液于10000r/min离心15min，上清液备用。

（2）固相萃取柱使用前需进行活化　C_{18}柱（1.0mL）、Ag柱（1.0mL）和Na柱（1.0mL），其活化过程为：C_{18}柱（1.0mL）使用前依次用10mL甲醇、15mL水通过，静置活化30min。Ag柱（1.0mL）和Na柱（1.0mL）用10mL水通过，静置活化30min。

（3）仪器参考条件

①色谱柱：氢氧化物选择性，可兼容梯度洗脱的二乙烯基苯–乙基苯乙烯共聚物基质，烷醇基季铵盐功能团的高容量阴离子交换柱，4mm × 250mm（带保护柱4mm × 50mm），或性能相当的离子色谱柱。

②淋洗液：氢氧化钾溶液，浓度为6~70mmol/L；洗脱梯度为6mmol/L 30min，70mmol/L 5min，6mmol/L 5min；流速1.0mL/min。

③检测器：电导检测器，检测池温度为35℃；或紫外检测器，检测波长为226nm。

④进样体积：50μL（可根据试样中被测离子含量进行调整）。

（4）标准曲线的制作　将混合标准使用液分别注入离子色谱仪中，测定各浓度相应的峰高（μS）或峰面积，以标准使用液的浓度为横坐标，以峰高或峰面积为纵坐标，绘制标准曲线（亚硝酸盐和硝酸盐标准色谱图见图5–3）。

（5）试样溶液的测定　将空白和试样溶液注入离子色谱仪中，得到空白和试样溶液的峰高或峰面积，根据标准曲线得到待测液中亚硝酸根离子或硝酸根离子的浓度。

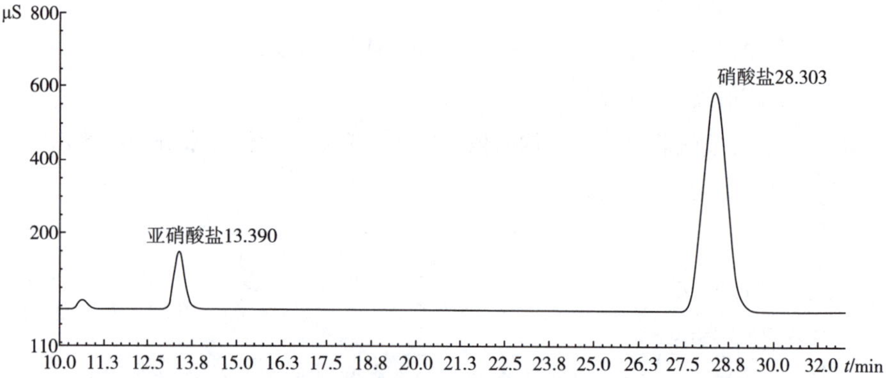

图5-3 亚硝酸盐和硝酸盐标准色谱图

五、数据处理

试样中亚硝酸根离子或硝酸根离子的含量可按式（5-5）计算：

$$X=\frac{(\rho-\rho_0)\times V\times f\times 1000}{m\times 1000} \tag{5-5}$$

式中 X——试样中亚硝酸根离子或硝酸根离子的含量，mg/kg；

ρ——测定用试样溶液中的亚硝酸根离子或硝酸根离子浓度，mg/L；

ρ_0——试剂空白液中亚硝酸根离子或硝酸根离子的浓度，mg/L；

V——试样溶液体积，mL；

f——试样溶液稀释倍数；

1000——换算系数；

m——试样取样量，g。

试样中测得的亚硝酸根离子含量乘以换算系数1.5，即得亚硝酸盐（按亚硝酸钠计）含量；试样中测得的硝酸根离子含量乘以换算系数1.37，即得硝酸盐（按硝酸钠计）含量。

结果保留两位有效数字。

任务五 肉制品中瘦肉精的测定

一、任务目标

（1）掌握肉制品中瘦肉精的测定原理及步骤。

（2）理解瘦肉精在肉制品中的可能来源、作用及其潜在风险。

（3）在实验过程中积极探索、勇于创新，尝试新的实验方法和手段以提高检测效率和准确性；培养创新思维和创新能力，为食品安全检测领域的发展贡献新的思路和方法。

二、工作原理

本任务参照GB/T 5009.192—2003《动物性食品中克伦特罗残留量的测定》第一法：气相色谱-质谱法。固体试样剪碎，用高氯酸溶液匀浆。液体试样加入高氯酸溶液，进行超声加热提取，用异丙醇+乙酸乙酯（40+60）萃取，有机相浓缩，经弱阳离子交换柱进行分离，用乙醇+浓氨水（98+2）溶液洗脱，洗脱液浓缩，经N, O-双三甲基硅烷三氟乙酰胺（BSTFA）衍生后于气质联用仪上进行测定。以美托洛尔为内标，定量。

GB/T 5009.192—2003

三、试剂仪器

1. 试剂

（1）克伦特罗　纯度≥99.5%。

（2）美托洛尔　纯度≥99%。

（3）磷酸二氢钠。

（4）氢氧化钠。

（5）氯化钠。

（6）高氯酸。

（7）浓氨水。

（8）异丙醇。

（9）乙酸乙酯。

（10）甲醇　HPLC级。

（11）甲苯　色谱纯。

（12）乙醇。

（13）衍生剂　N, O-双三甲基硅烷三氟乙酰胺（BSTFA）。

（14）高氯酸溶液（0.1mol/L）。

（15）氢氧化钠溶液（1mol/L）。

（16）磷酸二氢钠缓冲液（0.1mol/L，pH=6.0）。

（17）异丙醇+乙酸乙酯（40+60）。

（18）乙醇+浓氨水（98+2）。

（19）美托洛尔内标标准溶液　准确称取美托洛尔标准品，用甲醇溶解配成浓度为240mg/L的内标储备液，贮于冰箱中，使用时用甲醇稀释成2.4mg/L的内标使用液。

（20）克伦特罗标准溶液　准确称取克伦特罗标准品，用甲醇溶解配成浓度为250mg/L的标准储备液，贮于冰箱中，使用时用甲醇稀释成0.5mg/L的克伦特罗标准使用液。

2. 仪器

（1）气相色谱-质谱联用仪（GC/MS）。

（2）磨口玻璃离心管 11.5cm（长）×3.5cm（内径），具塞。

（3）5mL玻璃离心管。

（4）超声波清洗器。

（5）酸度计。

（6）离心机。

（7）振荡器。

（8）旋转蒸发器。

（9）涡旋式混合器。

（10）恒温加热器。

（11）N_2-蒸发器。

（12）匀浆器。

（13）弱阳离子交换柱（LC-WCX）（3μL）。

（14）针筒式微孔过滤膜（0.45μm，水相）。

四、操作方法

1. 样品的采集制备

在市面上购买肉制品，贮存在塑料瓶中保存备用。在采样和制备过程中，应注意不使试样污染。

2. 样品的测定

（1）提取 称取试样10g（精确到0.01g），用20mL 0.1mol/L高氯酸溶液匀浆，置于磨口玻璃离心管中；然后置于超声波清洗器中超声20min，取出置于80℃水浴中加热30min。取出冷却后离心（4500r/min）15min。倾出上清液，沉淀用5mL 0.1mol/L高氯酸溶液洗涤，再离心，将两次的上清液合并。用1mol/L氢氧化钠溶液调pH至9.5±0.1，若有沉淀产生，再离心（4500r/min）10min，将上清液转移至磨口玻璃离心管中，加入8g氯化钠，混匀，加入25mL异丙醇+乙酸乙酯（40+60），置于振荡器上振荡提取20min。提取完毕，放置5min（若有乳化层稍离心一下）。用吸管小心将上层有机相移至旋转蒸发瓶中，用20mL异丙醇+乙酸乙酯（40+60）再重复萃取一次，合并有机相，于60℃在旋转蒸发器上浓缩至近干。用1mL 0.1mol/L磷酸二氢钠缓冲液（pH6.0）充分溶解残留物，经针筒式微孔过滤膜过滤，洗涤三次后完全转移至5mL玻璃离心管中，并用0.1mol/L磷酸二氢钠缓冲液（pH 6.0）定容至刻度。

（2）净化 依次用10mL乙醇、3mL水、3mL 0.1mol/L磷酸二氢钠缓冲液（pH 6.0），3mL水冲洗弱阳离子交换柱，取适量提取液至弱阳离子交换柱上，弃去流出液，分别用4mL水和4mL乙醇冲洗柱子，弃去流出液，用6mL乙醇+浓氨水（98+2）冲洗柱子，收集流出液。将流出液在N_2-蒸发器上浓缩至干。

（3）衍生化 于净化、吹干的试样残渣中加入100~500μL甲醇，50μL 2.4mg/L的内标工作液，在N_2-蒸发器上浓缩至干，迅速加入40μL衍生剂（BSTFA），盖紧塞子，在涡旋式混合器上混匀1min，置于75℃的恒温加热器中衍生90min。衍生反应完成后取出冷却至室温，在涡旋式混合器上混匀30s，置于N_2-蒸发器上浓缩至干。加入200μL甲苯，在涡旋式混合器上充分混匀，待气质联用仪进样。同时用克伦特罗标准溶液做系列同步衍生。

（4）气相色谱-质谱法测定 气相色谱柱：DB-5MS柱，30m×0.25mm×0.25μm；载气：He，柱前压：8psi；进样口温度：240℃；进样量：1μL，不分流；柱温程序：70℃保持1min，以18℃/min速度升至200℃，以5℃/min的速度再升至245℃，再以25℃/min升至280℃并保持2min；EI源，电子轰击能：70eV；离子源温度：200℃；接口温度：285℃；溶剂延迟：12min；EI源检测特征质谱峰：克伦特罗*m/z* 86、187、243、262；美托洛尔*m/z* 72、223。

（5）测定 吸取1μL衍生的试样液或标准液注入气质联用仪中，以试样峰（*m/z* 86、187、243、262、264、277、333）与内标峰（*m/z* 72、223）的相对保留时间定性，要求试样峰中至少有3对选择离子相对强度（与基峰的比例）不超过标准相应选择离子相对强度平均值的±20%或3倍标准差。以试样峰（*m/z* 86）与内标峰（*m/z* 72）的峰面积比单点或多点校准定量。

五、数据处理

按内标法单点或多点校准计算试样中克伦特罗的含量，见式（5-6）：

$$X=\frac{A\times f}{m} \tag{5-6}$$

式中 X——试样中克伦特罗的含量，μg/kg；

A——试样色谱峰与内标色谱峰的峰面积比值对应的克伦特罗质量，ng；

f——试样稀释倍数；

m——试样的取样量，g。

计算结果表示到小数点后两位。

任务六　肉制品中兽药残留的测定

一、任务目标

（1）掌握肉制品中兽药残留的测定原理与步骤。

（2）掌握GB/T 21317—2007《动物源性食品中四环素类兽药残留量检测方法　液相色谱-质谱/质谱法与高效液相色谱法》中的基本操作技能。

（3）培养严谨的实验操作技能和科学分析能力，同时强化食品安全意识，促进食品产业的可持续发展。

二、工作原理

试样中四环素族抗生素残留用0.1mol/L Na_2EDTA-Mcllvaine缓冲液（pH 4.0±0.05）提取，经过滤和离心后，上清液用HLB固相萃取柱净化，高效液相色谱仪或液相色谱电喷雾质谱仪测定，外标峰面积法定量。

三、试剂仪器

1. 试剂

除另有说明外，所用试剂均为分析纯，水为GB/T 6682—2008规定的一级水。

（1）甲醇　高效液相色谱纯。

（2）乙腈　高效液相色谱纯。

（3）乙酸乙酯。

（4）乙二胺四乙酸二钠（$Na_2EDTA \cdot 2H_2O$）。

（5）三氟乙酸。

（6）柠檬酸及0.1mol/L柠檬酸溶液。

（7）磷酸氢二钠及0.2mol/L磷酸氢二钠溶液。

（8）Mcllvaine缓冲溶液　将1000mL 0.1mol/L柠檬酸溶液与625mL 0.2mol/L磷酸氢二钠溶液混合，必要时用氢氧化钠或盐酸调节pH至4.0±0.05。

（9）Na_2EDTA-Mcllvaine缓冲溶液（0.1mol/L）　称取60.5g乙二胺四乙酸二钠放入1625mL Mcllvaine缓冲溶液中，使其溶解，摇匀。

（10）甲醇+水（1+19）　量取5mL甲醇与95mL水混合。

（11）甲醇+乙酸乙酯（1+9）　量取10mL甲醇与90mL乙酸乙酯混合。

（12）三氟乙酸水溶液（10mmol/L）　准确吸取0.765mL三氟乙酸于1000mL容量瓶中，用水溶解并定容至刻度。

（13）甲醇+三氟乙酸水溶液（1+19）　量取50mL甲醇与950mL三氟乙酸水溶液混合。

（14）标准物质　二甲胺四环素（minocycline，CAS：10118-90-8），土霉素（Oxytetracycline，CAS：6153-64-6），四环素（tetracycline，CAS：60-54-8），去甲金霉素（demeclocycline，CAS：127-33-3），金霉素（chlortetracycline，CAS：57-62-5），甲烯土霉素（methacycline，CAS：914-00-1），强力霉素（doxycycline：CAS：564-25-0），差向四环素（4-epitetracycline，CAS：64-75-5），差向土霉素（4-epioxytetracycline，CAS：35259-39-3），差向金霉素（4-epichlortetracycline，CAS：14297-93-9）。纯度均≥95%。

2. 仪器

（1）液相色谱串联四极杆质谱仪或相当者　配电喷雾离子源。

（2）高效液相色谱仪　配二极管阵列检测器或紫外检测器。

（3）分析天平　感量0.1mg，0.01g。

（4）涡旋混合器。

（5）低温离心机　最高转速5000r/min，控温范围为-40℃至室温。

（6）氮吹浓缩仪。

（7）固相萃取真空装置。

（8）pH计　测量精度±0.02。

（9）组织捣碎机。

（10）超声提取仪。

（11）Oasis HLB固相萃取柱　60mg，3mL，或相当者。使用前分别用5mL甲醇和5mL水预处理，保持柱体湿润。

四、操作方法

1. 样品的采集与制备

在市面上购买肉制品，切碎备用。

2. 样品的测定

（1）称取均质试样5g（精确到0.01g），置于50mL聚丙烯离心管中，分别用约20，20，10mL 0.1mol/L EDTA-Mcllvaine缓冲溶液冰水浴超声提取3次，每次涡旋混合1min，超声提取10min，3000r/min离心5min（温度低于15℃），合并上清液（注意控制总提取液的体积不超过50mL），并定容至50mL，混匀，5000r/min离心10min（温度低于15℃），用快速滤纸过滤，待净化。

（2）准确吸取10mL提取液（相当于1g样品）以1滴/s的速度过HLB固相萃取柱，待样液完全流出后，依次用5mL水和5mL甲醇+水淋洗，弃去全部流出液。2.0kPa以下减压抽干5min，最后用10mL甲醇+乙酸乙酯洗脱。将洗脱液氮吹浓缩至干（温度低于40℃），用1.0mL（液相色谱-质谱/质谱法）或0.5mL（高效液相色谱法）甲醇+三氟乙酸水溶液溶解残渣，过0.45μm滤膜，待测定。

（3）液相色谱条件　色谱柱为Inertsil C_8-3柱［5μm，250mm×4.6mm（内径）］；流动相：甲醇+乙腈+10mmol/L三氟乙酸，洗脱梯度见表5-2（柱平衡时间5min）；流速1.5mL/min；柱温30℃；进样量100μL；检测波长：350nm。

表 5-2　分离7种四环素类药物的液相色谱流动相洗脱梯度

时间 / min	甲醇 / %	乙腈 / %	10 mmol/L三氟乙酸 / %
0	1	4	95
5	6	24	70
9	7	28	65
12	0	35	65
15	0	35	65

（4）根据样液中被测四环素类兽药残留的含量情况，选定峰高相近的标准工作溶液。标准工作溶液和样液中四环素类兽药残留的响应值均应在仪器的检测线性范围内。对标准工作溶液和样液等体积参插进样测定，在上述色谱条件下，二甲胺四环素、土霉素、四环素、去甲金霉素、金霉素、甲烯土霉素、强力霉素的参考保留时间分别约为6.3，7.5，7.9，8.7，9.8，10.4，10.8min。

五、数据处理

采用外标法定量，四环素类兽药残留量按式（5-7）计算：

$$X = \frac{A_x \times c_s \times V}{A_s \times m} \tag{5-7}$$

式中　X——样品中待测组分的含量，ug/kg；

A_x——测定液中待测组分的峰面积；

c_s——标准液中待测组分的含量，ug/L；

V——定容体积，mL；

A_s——标准液中待测组分的峰面积；

m——最终样液所代表的样品质量，g。

任务七　肉制品pH的测定

一、任务目标

（1）掌握肉制品pH的测定原理及步骤。

（2）掌握GB 5009.237—2016《食品安全国家标准　食品pH值的测定》中

的基本操作技能。

（3）在实验过程中培养严谨的科学态度，激发学习热情。

二、工作原理

利用玻璃电极作为指示电极，甘汞电极或银-氯化银电极作为参比电极，当试样或试样溶液中氢离子浓度发生变化时，指示电极和参比电极之间的电动势也随着发生变化而产生直流电势（即电位差），通过前置放大器输入到A/D转换器，以达到pH测量的目的。

GB 5009.237—2016

三、试剂仪器

1. 试剂

（1）邻苯二甲酸氢钾 [$KHC_6H_4(COO)_2$]。

（2）磷酸二氢钾（KH_2PO_4）。

（3）磷酸氢二钠（Na_2HPO_4）。

（4）酒石酸氢钾（$KHC_4H_4O_6$）。

（5）柠檬酸氢二钠（$Na_2HC_6H_5O_7$）。

（6）一水柠檬酸（$C_5H_8O_7 \cdot H_2O$）。

（7）氢氧化钠（NaOH）。

（8）氯化钾（KCl）。

（9）碘乙酸（$C_2H_3IO_2$）。

（10）乙醚（$C_4H_{10}O$）。

（11）乙醇（C_2H_6O）。

2. 仪器

（1）机械设备　用于试样的均质化，包括高速旋转的切割机，或多孔板的孔径不超过4mm的绞肉机。

（2）pH计　准确度为0.01。仪器应有温度补偿系统，若无温度补偿系统，应在20℃以下使用，并能防止外界感应电流的影响。

（3）复合电极　由玻璃指示电极和Ag/AgCl或Hg/Hg_2Cl_2参比电极组装而成。

（4）均质器　转速可达20000r/min。

（5）磁力搅拌器。

四、操作方法

1. 试样制备

实验室所收到的样品要具有代表性且在运输和贮藏过程中没有受损或发生

变化，取有代表性的样品且根据实际情况使用1~2个不同水的梯度进行溶解。

使用机械设备将试样均质。注意避免试样的温度超过25℃。若使用绞肉机，试样至少通过该仪器两次，将试样装入密封的容器里，防止变质和成分变化。试样应尽快进行分析，均质化后最迟不超过24h。

2. pH计的校正

用两个已知精确pH的缓冲溶液（尽可能接近待测溶液的pH），在测定温度下用磁力搅拌器搅拌的同时校正pH计。若pH计不带温度补偿系统，应保证缓冲溶液的温度在（20±2）℃范围内。

3. 测定

取一定量能够浸没或埋置电极的试样，将电极插入试样中，将pH计的温度补偿系统调至试样温度。采用适合于所用pH计的步骤进行测定，读数显示稳定以后，直接读数，准确至0.01。同一个制备试样至少要进行两次测定。

4. 电极的清洗

用脱脂棉先后蘸乙醚和乙醇擦拭电极，最后用水冲洗并按生产商的要求保存电极。

五、数据处理

pH读数结果精确至0.05。在重复性条件下获得的两次独立测定结果的绝对差值不得超过0.1。

知识链接

一、肉蛋及制品概述

1. 肉及肉制品概述

肉主要由水、蛋白质、脂肪、浸出物、维生素、矿物质和少量碳水化合物组成。从广义上讲，畜禽胴体就是肉。胴体是指畜禽屠宰后除去毛、皮、头、蹄、内脏（猪保留板油和肾脏，牛、羊等毛皮动物还要除去皮）后的部分。因带骨又称其为带骨肉或白条肉。从狭义上讲，原料肉是指胴体中的可食部分，即除去骨的胴体，又称其为净肉。肉（胴体）主要由肌肉组织、脂肪组织、结缔组织和骨组织四大部分构成。

肉制品是指用畜禽肉为主要原料，经调味制作的熟肉制成品或半成品，如香肠、火腿、培根、酱卤肉、烧烤肉、肉干、肉脯、肉丸、调理肉串、肉饼、腌腊肉及水晶肉等。我国肉制品的生产主要以作坊式为主，它的工业化生产具有非常广阔的市场前景和巨大的经济增长空间。随着肉类加工行业的不断发展、消费需求的增加和工业化程度的提高，传统特色肉制品的加工量将迅速增加。

2. 蛋类及蛋制品概述

蛋是一个完整、具有生命的活卵细胞，包含着自胚生长成幼雏的全部营养成分，同时还具有保护这些营养成分的物质。蛋中蛋壳及蛋壳膜重量占全蛋的12%~13%，蛋白占55%~66%，蛋黄占32%~35%。

蛋类包括鸡蛋、鸭蛋、鹅蛋、鹌鹑蛋、鸽蛋、鸵鸟蛋等；蛋制品包括咸蛋、松花蛋和鸡蛋粉等。蛋类的营养成分含量丰富，种类齐全，是一种营养价值很高的食物，包含着整个生命的遗传信息和营养物质。

二、肉蛋及制品原辅材料

1. 肉及肉制品原辅材料

肉及肉制品主要以畜禽肉为主要原料，添加调味料（如食盐、酱油、黄酱）、甜味料（如蔗糖、饴糖、D-山梨糖醇、葡萄糖）、酸味剂（如食醋）、鲜味料（如谷氨酸钠、肌苷酸钠）及香辛料等辅料。

2. 蛋类及蛋制品原辅材料

蛋类及蛋制品主要以禽蛋为主要原料，添加调味料制成咸蛋、卤蛋等。松花蛋又称皮蛋、变蛋，是中国的一种传统特殊腌制风味蛋制品，由鸭蛋、生石灰、纯碱、食盐、红茶及植物灰等原辅料制成。

三、肉蛋及制品检测指标

1. 肉制品的检测指标

（1）腌腊肉类制品检测指标　见表5-3。

表5-3　腌腊肉类制品检测指标

检测项目	肉制品	指标
水分/（g/100g）	灌肠制品、腊肉	≤ 25.0
	非烟熏板鸭	≤ 48.0
	烟熏板鸭	≤ 35.0
过氧化值（以脂肪计）/（g/100g）	火腿	≤ 0.25
	腊肉、咸肉、灌肠制品	≤ 0.50
	非烟熏、烟熏板鸭	≤ 2.50
酸值（以脂肪计）/（mgKOH/g）	灌肠制品、腊肉、咸肉	≤ 4.0
	非烟熏、烟熏板鸭	≤ 1.6
三甲胺氮/（mg/100g）	火腿	≤ 2.5

续表

检测项目	肉制品	指标
铅（Pb）/（mg/kg）	腌腊肉类制品	≤ 0.2
无机砷/（mg/kg）	腌腊肉类制品	≤ 0.05
镉（Cd）/（mg/kg）	腌腊肉类制品	≤ 0.1
总汞（以Hg计）/（mg/kg）	腌腊肉类制品	≤ 0.05

（2）酱卤肉类制品检测指标　见表5-4。

表5-4　酱卤肉类制品检测指标

检测项目	指标
水分/%	≤ 30.0
盐分（以NaCl计）/%	≤ 4.0
亚硝酸钠/（mg/kg）	≤ 30.0
复合磷酸盐（PO_4^{3-}计）/（g/kg）	≤ 5.0
铅（Pb）/（mg/kg）	≤ 0.5
无机砷/（mg/kg）	≤ 0.05
镉（Cd）/（mg/kg）	≤ 0.1
总汞（以Hg计）/（mg/kg）	≤ 0.05

（3）熏烧烤肉类制品检测指标　见表5-5。

表5-5　熏烧烤肉类制品检测指标

检测项目	指标
水分/%	≤ 60.0
盐分/%	≤ 4.0
亚硝酸钠/（mg/kg）	≤ 30.0
复合磷酸盐（PO_4^{3-}计）/（g/kg）	≤ 8.0

（4）熏煮香肠火腿类制品检测指标　见表5-6。

表5-6　熏煮香肠火腿类制品检测指标

检测项目	指标		
	特级	优级	普通级
蛋白质/%	≥ 18	≥ 15	≥ 12
脂肪/%		≤ 10	
淀粉/%	≤ 2	≤ 4	≤ 6

续表

检测项目	指标		
	特级	优级	普通级
亚硝酸盐（以$NaNO_2$计）/（mg/kg）		≤ 70	
水分/%		≤ 75	
食盐（以NaCl计）/%		≤ 3.5	

2. 蛋制品的检测指标

蛋制品的检测指标见表5-7。

表5-7　蛋制品的检测指标

检测项目	蛋制品	指标
水分/（g/100g）	巴氏杀菌冰全蛋	≤ 76.0
	冰蛋黄	≤ 55.0
	冰蛋白	≤ 88.5
	巴氏杀菌全蛋粉	≤ 4.5
	蛋黄粉	≤ 4.0
	蛋白片	≤ 16.0
脂肪/（g/100g）	巴氏杀菌冰全蛋	≤ 10
	冰蛋黄	≤ 26
	巴氏杀菌全蛋粉	≤ 42
	蛋黄粉	≤ 60
游离脂肪酸/（g/100g）	巴氏杀菌冰全蛋	≤ 4.0
	冰蛋黄	≤ 4.0
	巴氏杀菌全蛋粉	≤ 4.5
	蛋黄粉	≤ 4.5
挥发性盐基氮/（mg/100g）	咸蛋	≤ 10
酸度（以乳酸计）/（g/100g）	蛋白片	≤ 1.2
铅（Pb）/（mg/kg）	皮蛋	≤ 2.0
	糟蛋	≤ 1.0
	其他蛋制品	≤ 0.2
锌（Zn）/（mg/kg）	蛋制品	≤ 50
无机砷/（mg/kg）	蛋制品	≤ 0.05
总汞（以Hg计）/（mg/kg）	蛋制品	≤ 0.05

3. 原料肉品质评定及新鲜度检验

通过评定或测定原料肉的颜色、酸度、保水性、嫩度、大理石纹及熟肉率，对原料肉品质做出综合评定。肉类新鲜度的检验包括下面四种方式。

（1）感官检验　用视觉在自然光线下，观察肉的表面及脂肪的色泽，有无污染物附着物，用刀顺肌纤维方向切开，观察断面的颜色。用嗅觉在常温下嗅其气味。用食指按压肉表面，触感其指压凹陷恢复情况、表面干湿及是否发黏。称取切碎肉样20g，放在烧杯中加水100mL，盖上表面皿置于电炉上加热至50~60℃时，取下表面皿，嗅其气味。然后将肉样煮沸，静置观察肉汤的透明度及表面的脂肪滴情况。

（2）化学鉴定法

①爱氏试剂法：吸取2~3mL爱氏试剂（1份25%盐酸、3份95%乙醇、1份乙醚混合而成）置于大试管内，塞上橡皮塞，摇动2~3次，取下塞子，立即塞上带肉钩的橡皮塞，距液面1~2cm。若肉不新鲜，就有氨存在，于数秒钟内即有氯化铵白雾生成。少量白雾出现，可认为肉开始变质；如出现大量白雾，则样品已变质腐败。

②蛋白沉淀法：将一定量肉加水加热至沸腾保持一定时间。过滤，取滤液置于小试管中，滴加5%硫酸铜溶液并摇匀，2min之后进行判定。新鲜肉没有任何变化，不新鲜肉出现浑浊及沉淀现象。

③过氧化氢酶法：新鲜动物的肌肉组织内含有过氧化氢酶，它可促进过氧化氢释放氧，氧化有机物，发生特殊的颜色变化，从而鉴定肉的新鲜程度。

（3）pH检验法　新鲜肉由于在成熟过程中有酸性物质磷酸及乳酸形成，所以肉呈酸性反应，即pH较低；而在肉质腐败时，由于蛋白质分解产生胺和氨等碱性物质，可使pH升高。新鲜肉的pH为6.0左右，不新鲜肉的pH在6.5以上。

①酸度计法：酸度计法为电化学法的一种。将一支能指示溶液pH的玻璃电极作指示电极，用甘汞电极作参比电极组成一个电池，浸入样品液中，此时所组成的电池将产生一个电动势，电动势的大小与溶液中的氢离子浓度即pH有直接关系。

②硝基苯磺法：硝基苯磺溶液的pH变色区间在6~7，随着肉汁液pH的不同而呈现出不同颜色，以鉴别肉品是否新鲜。

（4）氨检验法　动物性食品在腐败过程中，由于蛋白质分解产生氨，氨可与纳氏试剂作用生成黄色或红褐色碘化汞铵化合物，有助于判断肉的新鲜度。

4. 蛋的品质评定

（1）新鲜蛋的检验

①感官鉴别法：感官鉴别法主要凭检验人员的技术经验来判断，靠眼看、耳听、手摸、鼻嗅等方法。

②透视法：在灯光透视下，可观察蛋壳、气室高度、蛋黄、蛋白、系带和胚胎状况，对蛋的品质做出综合评定。利用灯光进行鲜蛋的品质鉴定。

（2）蛋形指数　采用蛋形指数计测定或游标卡尺测量蛋的纵径与最大横径的比例即为蛋形指数。一般情况下，标准值为0.7~0.75。如果蛋形指数小于0.7，说明鸡蛋长而窄；反之，如果蛋形指数大于0.75，说明鸡蛋短而宽。蛋形指数偏离标准值,可能会导致鸡蛋的外观、口感、营养等多个方面受到影响。

（3）蛋密度　配制三种不同密度的盐水溶液（11%、10%、8%），将鲜蛋依次放入密度从大到小的盐水溶液中，在11%盐水溶液中的下沉蛋为最新鲜蛋；在10%盐水溶液中的下沉蛋为一般新鲜蛋；在8%盐水溶液中的下沉蛋是介于鲜蛋与陈蛋之间的次鲜蛋，悬浮蛋为陈蛋，漂浮蛋是臭蛋或坏蛋。

（4）气室高度　采用气室高度测定规尺测定时，将蛋的大头放在照蛋器上照视，用铅笔在气室的左右两边画一记号，然后再放到用透明角质板或塑料板制成的气室高度测定规尺半圆形切口内，读出两边刻度线上的刻度数。左右两边高度的平均值即为气室高度。

（5）蛋壳品质

①蛋壳颜色：采用蛋壳颜色反射计，测定时将其头端的小孔压于蛋壳表面，该仪器与微处理器相接，输出读数并做记录。由于反射计装有蓝色滤片的表头，可以提供更为灵敏的读数。

②蛋壳厚度：可用蛋壳厚度测定仪、游标卡尺、安装在固定台架上的测微仪等进行测定。先将蛋打开，除去内容物，再用清水冲洗壳的内面，然后用滤纸吸干，剔除蛋壳膜，取蛋壳钝端、中部、锐端各一小块，再测量其厚度，求其平均厚度。

③蛋壳强度：采用蛋壳强度测定仪进行测定，或者采用蛋壳分析仪，用电子器件给蛋施压测定蛋的变形度或压强。

④蛋壳密度：将风干的蛋壳（包括壳膜）称重，并计算蛋壳表面积，再按公式进行计算。

（6）浓蛋白指数　将所有蛋清过检验筛（40目），2min，稀蛋白通过检验筛滤去，浓蛋白留在检验筛上，浓蛋白与全蛋清质量之比即为浓蛋白指数。

（7）蛋黄色度　国际上通用罗氏蛋黄比色扇人工比色法。罗氏蛋黄比色扇有15种扇片或塑料标签，颜色由浅至深，从浅黄到深橘红色。颜色越深，色度级别越高。

拓展阅读　食品检测室设施与环境管理

一、食品检测室设施

近年来食品安全及品质问题越来越受到人们的关注。这里说的食品是广义的食品，包括初级农产品，如粮谷、油料籽、蔬菜、水产品、畜禽产品、水果等，也包括加工后的食品，比如罐头、火腿肠、食用油、方便面、酱菜、调味品等。开展食品检测的实验室也越来越多，在这些实验室中由于性质不同，检测的项目不同，因而在实验室筹建和发展过程中对仪器的购置和选型有着不同的要求。

1. 食品企业及商业第三方实验室

（1）企业实验室　企业实验室可根据生产的产品品种、检测项目的多少和生产规模的大小设置，实验室仪器设备的配置也可繁、可简。对于这样的实验室，仪器设备的配置必须能满足企业产品品质检测。食品检验可分为两大项，一是检测产品的品质项目；二是检测产品的卫生项目，这一类项目的检测难度相对大、投资高。品质项目包括水分、含盐量、含糖量、蛋白含量、脂肪含量、纤维含量、维生素含量、酸度等。对于这些项目的检测，如果经费有限，都可以采用化学法分析，只需配置最简单的烘箱、水浴、电炉、搅拌器、粉碎机、pH计等设备即可。如果经费充足或检验批次较多，检测项目都有相应的专用仪器可供选购。此外，也有一些通用的仪器可供选购，如紫外/可见分光光度计、近红外分析仪、自动滴定仪等。检测维生素A、维生素E等有时还需配置荧光光度计。检测营养元素，如钙、锌、铁等，可购置原子吸收仪-火焰检测器。卫生项目包括微生物、添加剂、有害元素、农药残留、兽药残留、毒素等。对于一般食品企业，应该设立微生物检测实验室。

建立微生物检测实验室要按照生物实验室规范标准要求进行布局。必要的设备有洁净台、培养箱、高压灭菌锅、电炉等，其他设备则根据具体检测项目配置。

有些指标可以用化学法进行检测，如亚硝酸盐、二氧化硫、重金属、总砷等。但要想满足国标的食品卫生要求，应该购置气相色谱-氢火焰检测器、液相色谱-紫外/可见光检测器，可用于检测防腐剂（苯甲酸、山梨酸等）、甜味剂（甜蜜素、糖精钠等）、着色剂（柠檬黄、胭脂红等）等。购置原子吸收仪-石墨炉检测器，可以分别检测铅、铬、镉、铜、镍等有害元素，原子荧光仪可用来检测砷和汞等。

检测残留农药气相色谱是不能少的。检测有机氯农药，需配电子捕获检测器（ECD）；检测有机磷农药，需配火焰光度检测器（FPD）或氮磷检测器（NPD）。现在农残检测的项目越来越多，为提高通用性，建议配置毛细管柱分流/不分流进样口，安装毛细管色谱柱。与传统填充色谱柱相比，毛细管柱分析项目多，分离度好，可以省去频繁更换色谱柱，提高分析效率。出口食品加工企业生产的产品在出口时需检测的农残项目越来越多，为了把好生产原料和产品质量关，可以配置气相色谱-质谱仪。一般只需配置电子轰击源（EI），如果有必要可再配一个负化学电离源（NCI）。因两种仪器各有优缺点，是选择四极杆质谱还是离子阱质谱还是要看具体工作。

若进行残留兽药的检测，项目不多且批次多，可以考虑配置酶联免疫仪，该仪器一次投入不大，操作简便，检测灵敏度高。采用酶联免疫仪也有一些缺点：第一，试剂盒为长期的消耗品，若检测的批次少，成本会较高；第二，特异性不好，可能会有假阳性；第三，如果在相对长的一段时间内检测项目较多，成本甚至比仪器分析还高。

（2）商业实验室　商业实验室与企业实验室相比，检测的商品和检测的项目都要比企业多，所以仪器设备的配置从门类和数量上都应比企业实验室更完善。仪器设备的配置不仅能满足当前检测的需要，还应适当超前。

检测品质项目通常要考虑使用的标准或根据客户要求，配置相应的检测仪器和设备。由于不同商品和不同客户对同一项目可能提出不同的检测标准或方法，对于这些项目的检测，若方法规定采用化学法分析，只需配置最简单的设备即可。如果经费充足或检验批次较多，对应的检测方法又有仪器法的，可配置相应的专用仪器，如水分测定仪、凯氏定氮仪、快速脂肪测定仪、糖度计、黏度计、脂肪酸分析仪等。通用仪器也可参照企业实验室品质项目仪器配置。如果有需要，像氨基酸分析仪这样的专用分析仪也可以配置。

对于一个现代商业实验室，液相色谱-质谱、气相色谱-质谱是不可少的，这是现在对禁用农兽药残留出具阳性报告时指令和标准要求的条件。如果有规模、检测项目多，每类仪器还应配置多台（套）。这时要考虑仪器性能的互补，如：液相色谱-质谱一台配电喷雾电离源，一台配大气压化学电离源；气相色谱-质谱一台配电子轰击源，一台配负化学电离源。元素多、样品杂，还可以考虑配置等离子发射光谱-质谱仪、气相色谱-质谱仪等。如果要做形态分析，等离子发射光谱-质谱仪还应能与液相色谱或气相色谱联用。

2. 行业实验室

中国的行业实验室都隶属于不同行业行政领导机构，因此，都带有一定行政功能。近年政府非常重视食品安全工作，加大了投入，所以，实验室的硬件得到了较大的改善。现在一个较完善的行业实验室，除了分析测试设备的门类和数量应等同或优于一般商业实验室外，为提高分析效率还可以在前处理设备配置方面更完善一些，如微波消解（包括微波萃取）、自动固相萃取仪、凝胶色谱净化仪、溶剂加速萃取仪、高速冷冻离心机、高速均质机、氮吹仪等。这些前处理设备效率更高、自动化程度更高，并且会提高结果的重现性。

随着我国的行政监管体系正在与国际发达国家接轨，我们的行业实验室越来越多地参加国际上一些权威机构的能力比对活动，检测方法和结果都按照国际通行做法执行。此外，为了适应食品安全检测发展，许多实验室开始开发新的分析方法。因此，行业实验室今后会配置更高端的分析仪器，如高分辨质谱仪等，使最终的检测结果更准确。

二、环境管理

（1）推动绿色发展，促进人与自然和谐共生。实验室各类人员必须牢固树立“美化环境，安全第一，预防为主，劳动保障”的思想，切实重视实验室的环境卫生、劳动保障、安全工作。保证实验室、办公室及其走廊、卫生间等公共场所的清洁和环境优美，公共场所由清洁工每天清扫后，将垃圾送到指定地点。实验室各房间实行卫生包干制，卫生包干负责人应负责清扫整理，定期对所包干房间进行一次全面清扫，全室定期进行统一大扫除。

（2）实验室必须按“四防”（防火、防盗、防破坏、防事故）要求，建立健全安全责任制和各种安全制度，落实安全措施，加强安全管理。

（3）必须严格遵守安全用电的有关规定，按章操作，每次实验前必须向学生宣传讲解有关安全及劳动保障和操作事项。

（4）认真落实消防措施，切实保证安全通道的畅通无阻。

（5）实验完毕后负责人员应检查电器线路、通风设施，整理好设备，发现破损或故障须及时维修或报告，下班前必须切断所有电源，关好门窗。

（6）节假日前，实验室人员会同实验室主任检查实验室安全工作，关窗、封门，并做好记录。假期值班人员发现异常情况时应及时处理和报告。

（7）每个实验工作者必须认真做好劳动保障工作。凡因保管不当、违章操作、工作失职导致发生火灾、事故、被盗而造成损失的，将追究主要安全责任人和当事人的责任，根据情节轻重，进行罚款、行政和刑事处分。

（8）实验室的安全工作由实验中心主任、实验室主任全面负责。

（9）实验室不准吸烟、不准乱丢废物。仪器设备安置合理，摆放整齐。

（10）人人应做到安全、合理使用仪器设施，使用完毕应关断电源。如发现问题，应采取相应措施，以防止事故发生。

（11）以上各项由科室主任不定期进行检查，发现问题及时指出、改正。

思考练习

1. 石墨炉原子吸收光谱法测定铅的工作原理是什么？
2. 为什么索氏抽提法测定脂肪测得的为粗脂肪？测定中需要注意哪些问题？
3. 测定脂肪有什么意义？
4. 索氏抽提法的适用对象有哪些？能用此方法提取乳粉中的脂肪吗？
5. 在脂肪测定中对使用的抽提剂乙醚有何要求？如何提纯乙醚？
6. 什么是克伦特罗？对人体有何危害？
7. 香肠中亚硝酸盐含量测定使用的蛋白质沉淀剂是什么？
8. 测定亚硝酸盐含量的目的是什么？
9. 简要说明测定亚硝酸盐的原理与方法。
10. 什么是兽药残留？
11. 肉制品的新鲜度如何通过化学鉴定法进行测定？
12. 肉的化学组成有哪些？
13. 用什么方法能鉴定蛋的新鲜度？
14. 测定蛋类气室高度的试验原理是什么？
15. 简述测定肉及制品中兽药残留的工作原理。
16. 爱氏试剂的配制方法是什么？
17. 蛋类的主要营养成分有哪些？
18. 通过哪两种方法可以对鲜蛋进行检验？
19. 蛋类中的脂类物质所占比例大约为多少？
20. 实验室的环境管理应从哪些方面入手？

项目六　水果及制品检测

任务一　蜜饯中山梨酸的测定

一、任务目标

（1）掌握蜜饯中山梨酸的测定原理及步骤。

（2）掌握液相色谱测定方法，准确使用色谱柱流动相（甲酸+乙酸铵溶液）以及适当的流速（1mL/min）进行测定。

（3）结合食品安全问题，培养对公众健康负责的社会责任感。通过实验结果的分析和解读，理解食品安全标准的制定和执行对于保障消费者健康的意义。

二、工作原理

本任务参照GB 5009.28—2016《食品安全国家标准　食品中苯甲酸、山梨酸和糖精钠的测定》第一法：液相色谱法。样品经水提取，高脂肪样品经正己烷脱脂、高蛋白样品经蛋白沉淀剂沉淀蛋白，采用液相色谱分离、紫外检测器检测，外标法定量。

GB 5009.28—2016

三、试剂仪器

1. 试剂

（1）水　GB/T 6682—2008规定的一级水。

（2）氨水。

（3）亚铁氰化钾。

（4）乙酸锌。

（5）无水乙醇。

（6）正己烷。

（7）甲醇　色谱纯。

（8）乙酸铵　色谱纯。

（9）甲酸　色谱纯。

（10）氨水溶液（1+99）　取氨水1mL，加到99mL水中，混匀。

（11）亚铁氰化钾溶液（92g/L）　称取106g亚铁氰化钾，加入适量水溶解，用水定容至1000mL。

（12）乙酸锌溶液（183g/L）　称取220g乙酸锌溶于少量水中，加入30mL冰乙酸，用水定容至1000mL。

（13）乙酸铵溶液（20mmol/L）　称取1.54g乙酸铵，加入适量水溶解，用水定容至 1000mL，经0.22μm水相微孔滤膜过滤后备用。

（14）甲酸-乙酸铵溶液（2mmol/L甲酸+20mmol/L乙酸铵）　称取1.54g乙酸铵，加入适量水溶解，再加入75.2μL甲酸，用水定容至1000mL，经0.22μm水相微孔滤膜过滤后备用。

（15）山梨酸钾　纯度≥99.0%；或山梨酸，纯度≥99.0%，或经国家认证并授予标准物质证书的标准物质。

（16）山梨酸标准储备溶液（1000mg/L）　准确称取山梨酸钾0.134g（精确到0.0001g），用水溶解并定容至100mL。于4℃贮存，保存期为6个月。当使用山梨酸标准品时，需要用甲醇溶解并定容。

（17）山梨酸标准中间溶液（200mg/L）　准确吸取山梨酸标准储备溶液10.0mL于50mL容量瓶中，用水定容。于4℃贮存，保存期为3个月。

（18）山梨酸标准系列工作溶液　准确吸取山梨酸标准中间溶液0，0.05，0.25，0.50，1.00，2.50，5.00和10.0mL，用水定容至10mL，配制成质量浓度分别为0，1.00，5.00，10.0，20.0，50.0，100和200mg/L的标准系列工作溶液。临用现配。

2. 仪器

（1）高效液相色谱仪　配紫外检测器。

（2）分析天平　感量为0.001g和 0.0001g。

（3）涡旋振荡器。

（4）离心机　转速>8000r/min。

（5）匀浆机。

（6）恒温水浴锅。

（7）超声波发生器。

（8）水相微孔滤膜　0.22μm。

（9）具塞离心管　50mL。

四、操作方法

1. 样品的采集

取样品用研磨机充分粉碎并搅拌均匀，称取200g装入玻璃容器中，密封，于-18℃保存。

2. 样品的测定

（1）试样提取　准确称取约2g（精确到0.001g）试样于50mL具塞离心管中，加水约25mL，涡旋混匀，于50℃水浴超声20min，冷却至室温后加亚铁氰化钾溶液2mL和乙酸锌溶液2mL，混匀，于8000r/min离心5min，将水相转移至50mL容量瓶中，于残渣中加水20mL，涡旋混匀后超声5min，于8000r/min离心5min，将水相转移到同一50mL容量瓶中，并用水定容至刻度，混匀。取适量上清液过0.22μm滤膜，待液相色谱测定。

（2）仪器参考条件的设置

①色谱柱：C_{18}柱，柱长250mm，内径4.6mm，粒径5μm，或等效色谱柱。

②流动相：甲醇和乙酸铵溶液比例为5：95。

③流速：1mL/min。

④检测波长：230nm。

⑤进样量：10μL。

（3）标准曲线的制作　将标准系列工作溶液分别注入液相色谱仪中，测定相应的峰面积，以标准系列工作溶液的质量浓度为横坐标，以峰面积为纵坐标，绘制标准曲线。

（4）试样溶液的测定　将试样溶液注入液相色谱仪中，得到峰面积，根据标准曲线得到待测液中山梨酸的质量浓度。

五、数据处理

试样中山梨酸的含量可按式（6-1）计算：

$$X=\frac{\rho\times V}{m\times 1000} \tag{6-1}$$

式中　X——试样中山梨酸含量，g/kg；

ρ——由标准曲线得出的试样液中山梨酸的质量浓度，mg/L；

V——试样定容体积，mL；

m——试样质量，g；

1000——由mg/kg转换为g/kg的换算因子。

结果保留3位有效数字。

任务二　苹果汁中维生素C的测定

一、任务目标

（1）了解维生素C的分子结构和特性。

（2）掌握使用碘量法测定苹果汁中维生素C含量的原理。

（3）培养科学探究精神和实验操作能力，同时增强营养健康意识，促进健康生活方式的形成。

二、工作原理

果汁饮料是一种以水果为主要原料，经过如压榨、离心、萃取等得到的汁液产品。苹果汁含有丰富的维生素C等营养物质，被视为一种对健康有益的饮料。维生素C是人体必需的微量营养元素，具有调节人体生命活动的作用，缺乏时会产生坏血病，故维生素C又称抗坏血酸。所以测定苹果汁饮料中维生素C具有重要的意义。

维生素C属水溶性维生素。维生素C在水溶液中易被空气和其他氧化剂氧化，生成脱氢抗坏血酸；在碱性条件下易分解，见光加速分解；在弱酸条件中较稳定。维生素C（$C_6H_8O_6$，E=0.18V）分子结构中的烯二醇基具有还原性，能被I_2定量地氧化成二酮基，抗坏血酸分子中的烯二醇基被I_2完全氧化后，则I_2与淀粉指示剂作用而使溶液变蓝，所以当滴定到溶液出现蓝色时即为终点。反应式为：

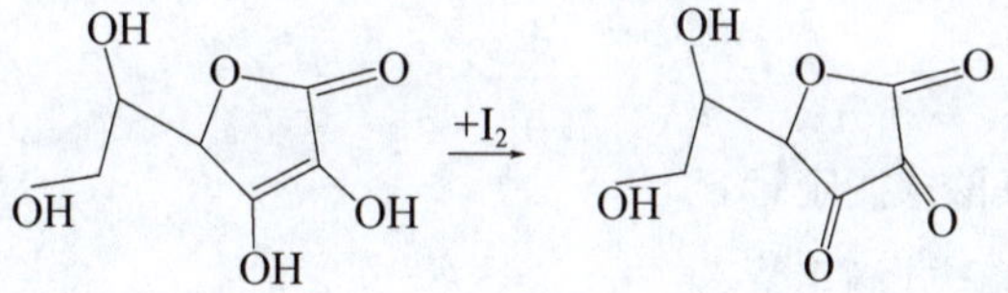

$E(C_6H_6O_6/C_6H_8O_6)$=0.18V　　　$E(I_2/I^-)$=0.535V

由于维生素C的还原性很强，即使在弱酸性条件下，上述反应也进行得相当完全。维生素C在碱性介质中反应强烈，故该滴定反应在稀醋酸溶液中进行，以减少维生素C的副反应。依据GB 14754—2010《食品安全国家标准　食品添加剂　维生素C（抗坏血酸）》，用碘量法测定维生素C的含量。

I_2标准溶液采用间接配制法获得，用$Na_2S_2O_3$标准溶液标定，反应如下：$2S_2O_3^{2-}+I_2 = S_4O_6^{2-}+2I^-$。

三、试剂仪器

1. 试剂

（1）$K_2Cr_2O_7$基准物质、$Na_2S_2O_3 \cdot 5H_2O$（分析纯）、KI（分析纯）、HCl（6mol/L）、CH_3COOH（分析纯）、淀粉溶液（5%）、KIO_3（基准试剂）、维生素C（基准试剂）、苹果汁1瓶（500mL）。

（2）$K_2Cr_2O_7$标准溶液　用电子分析天平准确称取基准试剂$K_2Cr_2O_7$ 0.26～0.28g于小烧杯中，加入少量蒸馏水溶解后，移入200mL容量瓶中，用蒸馏水稀释至刻度，摇匀。

（3）$Na_2S_2O_3$标准溶液　用移液管吸取$K_2Cr_2O_7$标准溶液20.00mL于250mL碘量瓶中，加8mL 6mol/L HCl、5～8mL 20% KI溶液，盖上表面皿，在暗处放5min后，加100mL水，立即用待标定的$Na_2S_2O_3$溶液滴定至淡黄色，再加入2mL 0.5%淀粉溶液，继续滴至溶液呈亮绿色为终点，平行滴定3次。

（4）I_2标准溶液

①I_2标准溶液的配制：称取1.3g I_2和2.0gKI置于小烧杯中，加少量水，搅拌至I_2全部溶解，转入250mL棕色瓶中，加水至250mL，混合均匀。

②I_2标准溶液的标定：用移液管准确移取20.00mL $Na_2S_2O_3$标准溶液于250mL锥形瓶中，加50mL蒸馏水、0.5%淀粉指示剂5mL，用I_2滴定至稳定的蓝色，30s不褪色即为终点，平行标定三次。

（5）0.5%淀粉溶液的配制　称取1g淀粉于小烧杯中，加少许水调成浆，搅拌下加到200mL沸水中，冷却后备用。

（6）醋酸溶液的配制　取6.4mL冰醋酸（1.05g/mL），加水稀释到500mL，待用。

2. 仪器

（1）50mL酸式滴定管。

（2）50mL碱式滴定管。

（3）250mL锥形瓶。

（4）200mL容量瓶。

（5）20mL移液管。

（6）10mL，100mL量筒。

（7）玻璃棒。

（8）表面皿。

（9）电子天平（0.0001g）。

（10）循环水真空泵。

（11）抽滤瓶。

（12）250mL碘量瓶。

（13）250mL棕色试剂瓶。

（14）500mL试剂瓶。

（15）烧杯。

四、操作方法

1. 样品的采集制备

移取20mL苹果汁3份，分别置于250mL锥形瓶中，备用。

2. 样品的测定

向含20mL苹果汁的250mL锥形瓶中加100mL新煮沸过的冷蒸馏水，加入10mL 2mol/L 醋酸溶液和5mL 0.5%淀粉指示剂，立即用I_2标准溶液滴定至稳定的蓝色，30s内不褪色即为终点。平行测定三份。计算维生素C含量。

五、数据处理

1. $Na_2S_2O_3$标准溶液浓度计算

$Na_2S_2O_3$标准溶液浓度可按式（6–2）计算：

$$c_{Na_2S_2O_3}=\frac{6c_{K_2Cr_2O_7}\times V_{K_2Cr_2O_7}}{V_{Na_2S_2O_3}} \quad (6-2)$$

式中 $c_{K_2Cr_2O_7}$——$K_2Cr_2O_7$标准溶液的浓度，mol/L；

$V_{K_2Cr_2O_7}$——吸取$K_2Cr_2O_7$溶液的体积，20mL；

$V_{Na_2S_2O_3}$——滴定$Na_2S_2O_3$溶液的体积，mL。

2. I_2标准溶液浓度计算

I_2标准溶液浓度可按式（6–3）计算：

$$c_{I_2}=\frac{\frac{1}{2}\times c_{Na_2S_2O_3}\times V_{Na_2S_2O_3}}{V_{I_2}} \quad (6-3)$$

式中 $V_{Na_2S_2O_3}$——吸取$Na_2S_2O_3$标准溶液的体积，20mL；

V_{I_2}——滴定I_2标准溶液消耗的体积，mL；

$c_{Na_2S_2O_3}$——$Na_2S_2O_3$标准溶液的浓度，mol/L。

3. 苹果汁中维生素C含量计算

根据滴定所消耗体积，苹果汁中维生素C含量可按式（6–4）计算：

$$\text{维生素 C 含量}(\%)=\frac{c_{I_2}\times V_{I_2}\times 176.12}{20} \quad (6-4)$$

式中 c_{I_2}——碘标准溶液浓度，mol/L；

V_{I_2}——滴定I_2标准溶液消耗的体积，mL；

176.12——维生素C的摩尔质量，g/mol；

20——维生素C样品体积，20mL。

任务三　蜜饯中糖精钠的测定

一、任务目标

（1）了解蜜饯中糖精钠的取样方法。

（2）掌握用高效液相色谱法测定糖精钠的原理。

（3）培养科学的食品检测能力和严谨的实验态度，同时强化食品安全意识，倡导健康消费理念。

二、工作原理

糖精钠学名邻苯甲酰磺酰亚胺钠，俗名又称糖精，为无色结晶或稍带白色的结晶性粉末，味浓甜带苦，耐热及耐碱性弱，酸性条件下加热甜味渐渐消失，浓度大于0.026%则味苦。糖精钠是一种使用广泛的人工甜味剂，但由于它可能具有潜在的致癌性，因此出于安全性考虑，各国都严格控制糖精钠的使用范围和使用量。因此，准确检测糖精钠的含量，对维护食品安全、保护人们的身体健康有重大意义。

依据GB 1886.18—2015《食品安全国家标准　食品添加剂　糖精钠》采用反相色谱法测定蜜饯中糖精钠的含量，这种方法前处理简单、方便，灵敏度高、重现性好。以Agilent Eclipse XDB-C_{18}柱（4.6mm×250mm，5μm）液相色谱柱分离，乙酸铵缓冲溶液（0.02mol/mL）-甲醇（体积比95：5）作为流动相，二极管阵列为检测器进行检测，绘制标准溶液工作曲线，利用外标法定量测定出糖精钠的含量（g/kg）。

三、试剂仪器

1. 试剂

（1）糖精钠标准溶液（1.0mg/mL）　称取0.1000g糖精钠，加适量的水溶解，倒入100mL容量瓶中，加水稀释、定容，摇匀，备用。

（2）色谱级甲醇。

（3）重蒸水。

（4）乙酸铵溶液　称取0.77g乙酸铵，加水溶解并定容到500.0mL。

2. 仪器

（1）Agilent200高效液相色谱仪　配二极管阵列检测器（DAD）。

（2）超声波清洗仪。

（3）一次性注射器（5mL）。

（4）0.45μm滤膜。

（5）10mL吸量管。

（6）10mL，25mL容量瓶。

（7）25mL比色管。

四、操作方法

1. 样品的采集制备

由于蜜饯中的糖精钠易溶于水，所以选择水作为提取溶剂，既能保证有较高的回收率，又环保安全。称取样品3.00g，置于25.0mL比色管，用重蒸水定容至刻度，涡旋振荡1min，高速离心（转速=10000r/min）5min，取上清液进行HPLC测定。

2. 样品的测定

（1）标准溶液工作系列的配制　混合标准溶液的配制：用移液管准确量取糖精钠标准储备液2.5mL加入25.0mL容量瓶中，用水定容至刻度，摇匀。此溶液质量浓度为100μg/mL。

标准溶液配制：准确移取不同体积的糖精钠标准溶液于10.0mL容量瓶中，用水稀释至刻度，摇匀，配成质量浓度分别为10，20，30，40，50μg/mL的标准溶液。

（2）液相色谱条件见本项目任务一：蜜饯中山梨酸的测定。

（3）取一定量质量浓度分别为10，20，30，40，50μg/mL的糖精钠标准溶液，注入仪器，记录色谱图，根据结果绘制标准样品工作曲线。在相同条件下进同等样量的待测样品，从色谱图上测出峰面积，再从工作曲线查出样品中糖精钠的质量浓度（μg/mL）。

五、数据处理

样品中糖精钠的含量按式（6–5）计算：

$$X = \frac{c}{100} \times 100\% \qquad (6-5)$$

式中　X——糖精钠的含量，%；

c——进样样品中糖精钠的质量浓度，μg/mL；

100——所配制的待测糖精钠溶液质量浓度为100μg/mL。

任务四 果酱中食用着色剂的测定

一、任务目标

（1）了解食用着色剂的种类。

（2）掌握用薄层层析法测定食用着色剂的原理。

（3）培养食品科学检测的技能与细致观察的习惯，同时增强食品安全意识，传播健康饮食文化。

二、工作原理

合成着色剂的测定方法主要有薄层层析法和高效液相色谱法，下面主要介绍薄层层析法。薄层层析的基本原理：把吸附剂（固定相）均匀地铺在一块玻璃板上，将待分离的样品溶液点加在一薄层板的一端，在密闭的容器中用适当的溶剂（流动相）展开，由于吸附剂对不同物质的吸附力大小不同及溶剂对不同物质溶解分配系数不同，当溶剂流过时，各物质在吸附剂和溶剂之间发生连续不断地吸附、解吸附、再吸附、再解吸附。不易被吸附或易被溶剂溶解的物质相对移动得快一些。经过一段时间的展开，不同的物质彼此分开，最后形成相互分离的斑点。将展开完毕的薄层板从密闭容器中取出后，应用特定的试药或方法将斑点显色，从而达到定性和定量的目的。在酸性条件下，用聚酰胺吸附水溶性合成着色剂，在碱性条件下，用适当的溶液将其解吸，用薄层层析法进行分离鉴别，与标准比较定性、定量。

三、试剂仪器

1. 试剂

（1）聚酰胺粉（尼龙6） 过200目筛（孔径为0.071μm）。

（2）200g/L柠檬酸溶液 称取10g柠檬酸，放在锥形瓶中溶解，用玻璃棒搅拌，并将液体转移到50mL的容量瓶中，润洗锥形瓶并将洗液转移入容量瓶中，定容，摇匀。

（3）石油醚 沸程30～60℃。

（4）海砂 先用1∶10的盐酸煮沸15min，用水洗至中性，再用50g/L氢氧化钠溶液煮沸15min，用水洗至中性，再于105℃干燥，贮于具塞玻璃瓶中，备用。

（5）乙醇-氨溶液 吸取1mL氨水，移入100mL容量瓶中，用70%（体积分数）乙醇定容。

（6）50%（体积分数）乙醇溶液。

（7）硅胶G。

（8）蒸馏水（pH=6） 利用200g/L柠檬酸溶液调节水的pH为6。

（9）展开剂

①甲醇–乙二胺–氨水（7：3：3）；

②甲醇–氨水–乙醇（10：3：2）；

③柠檬酸钠（25g/L）–氨水–乙醇（8：1：2）。

（10）着色剂标准溶液 分别准确称取各种单元着色剂0.100g，用pH=6的水溶解，然后移入100mL容量瓶中，并用pH=6的水定容（靛蓝溶液需在暗处保存）。

2. 仪器

（1）微量注射器或血色素吸量管 微量注射器在使用前要先用丙酮等溶剂洗净，使用后立即清洗处理（一般常用下述溶液依次清洗：质量浓度为50g/L的NaOH水溶液、蒸馏水、丙酮、氯仿，最后用真空泵抽干）。

（2）薄层板

①玻璃板：用一块玻璃板涂上很薄的吸附剂，如硅胶或氧化铝等，玻璃板要求薄厚一致，大小相同，表面光滑平整，一般玻璃只要合乎这些要求即可。如果找不到平整均一的，将旧光学照相底片截成同样大小也可以。用前先将玻璃用肥皂和水洗干净，必要时浸泡在清洗液中，然后水洗烤干，用纱布擦光。玻璃板有各种规格，一般有20cm×20cm、20cm×10cm、20cm×5cm，也有更小的，可根据需要自行设计。宽度要求至少能点开两三个样品，每两点之间相隔至少1.5cm，玻璃板长度一般要满足展开10cm的距离。点样的起点应距底边至少1.5cm的距离。

②吸附剂：应用最广泛的为硅胶和氧化铝，市场上有专供薄层色谱用的吸附剂，规格分不含黏合剂的硅胶H、氧化铝H和含有黏合剂熟石膏的硅胶G、氧化铝G，如市售硅胶G含13%熟石膏，氧化铝分中性、酸性、碱性三种。吸附剂的粒度最好在180~200目，太小流速慢，太大则影响分离效果。如不合要求，应过筛。

③薄层板的涂布：最简单的涂布方法是用两条比玻璃板厚0.25mm的玻璃条或有机玻璃条（或在同样厚度的玻璃条下粘一层胶布），将玻璃板夹住，把调好的吸附剂浆液平铺在薄层板上，然后用一有机玻璃条或直尺迅速均匀地向前推进，就像推血片一样，只要推进的速度均匀一致，即可得到薄厚均匀的薄层板。

④薄层板的使用。

点样：将样品溶于适当的溶剂中（应尽量避免有水），取微量注射器或玻璃毛细管截齐后，吸取一定量的检样，轻轻接触到薄层上，使样品自动吸到薄层上，点的直径不要超过0.3cm，一次不能点完，待干后再点，稍有过分就会损伤板面，影响展开后的斑点形状。每两个样点相距至少1.5cm。点样的起点距薄板底边至少1.5cm，以免样点浸入展开溶剂中。同块薄板上各样点应保持在与底边平行的一条直线上，为控制好点样距离，应用薄层点样尺架。

展开：根据薄层板大小，自行选用适当玻璃标本缸。采用较大的玻璃缸和玻璃板时，在缸内沿周围缸壁衬一层预先浸有溶剂的滤纸，以便缸内展开溶剂易达到饱和，防止边缘效应（即两边缘的点走得快）和同一物质R_f值不一致现象。一般将薄层板斜置展开容器内，密闭。先不使溶剂浸湿薄层板，饱和10～15min后再进行展开，展开溶剂沿着薄层板向上移动。对加黏合剂的薄层板可以近于垂直的状态进行展开，而对未加黏合剂的薄层板则必须以倾斜状态（15° ）进行展开。

显色：薄层展开后，晾干。

（3）电吹风。

（4）水泵。

（5）G3垂融漏斗、玻璃漏斗。

四、操作方法

1. 样品的采集制备

称取5～10g，加水30mL，加热溶解，用柠檬酸溶液调pH至4。

2. 样品的测定

（1）吸附分离

①吸附：处理过的样液加热至70℃之后，加入0.5～1.0g聚酰胺粉，并充分混匀，然后用柠檬酸溶液调pH至4左右，使着色剂吸附完全（若溶液中仍有颜色，可再加入少量的聚酰胺粉）。

②洗涤：将吸附着色剂的聚酰胺全部转入G3垂融漏斗或玻璃漏斗中过滤（若用前者可用水泵抽滤），用200g/L 70℃的柠檬酸溶液（pH为4）反复洗涤，每次20mL，若含天然着色剂，可再用甲醇-甲酸洗涤1～3次，每次20mL，直至洗涤至无色为止。再用70℃水洗涤至中性，洗涤过程中必须充分搅拌。

③解吸：用乙醇-氨溶液20mL左右分次解吸全部着色剂，收集全部解吸液，置于水浴中驱氨。若是单元色，用水定容至50mL，用分光光度计比色；若为混合色，将解吸液水浴浓缩至2mL左右，转入5mL容量瓶中，用50%（体积分数）乙醇洗涤，溶液并入容量瓶中，用50%（体积分数）乙醇定容。

（2）薄层层析法定性

①薄层板的制备：称取1.6g聚酰胺粉、0.4g可溶性淀粉及2g硅胶G，置于合

适研钵中，加水15mL研匀后，立即置于涂布器中铺成0.3mm厚的板。在室温下晾干后，于80℃干燥1h，置干燥器中备用。

②点样：用点样管吸取浓缩定容后的样液0.5mL，在离底边2cm处从左至右点成与底边平行的条状，在板的右边点2μL着色剂标准溶液。

③展开：取适量的展开剂，甲醇-乙二胺-氨水（苋菜红、胭脂红）、甲醇-氨水-乙醇（靛蓝、亮蓝）、柠檬酸钠-氨水-乙醇（柠檬黄、其他着色剂）倒入展开槽中，将薄层板放入展开，待着色剂明显分开后取出晾干，与标准色斑比较其比移值，确定着色剂种类。

④测定。

单元色样品溶液的制备：将薄层层析板上的条状色斑剪下，用刀刮下移入漏斗中，用乙醇-氨溶液解吸着色剂（少量多次至解吸液无色），收集解吸液于蒸发皿中水浴驱氨后转入10mL比色管中，用水定容备用。

标准曲线绘制：分别吸取0，0.5，1.0，2.0，3.0，4.0mL胭脂红、苋菜红、柠檬黄、日落黄标准使用液，或0，0.2，0.4，0.6，0.8，1.0mL亮蓝、靛蓝标准使用液，分别置于10mL带塞比色管中，加水至刻度，在特定波长处测定吸光度，绘制标准曲线。

样品测定：取单元色样品液在对应波长下测定吸光度，在标准曲线上查得着色剂含量。

五、数据处理

试样中着色剂含量可按式（6-6）计算：

$$\text{着色剂含量} = \frac{m_1 \times 1000}{m \times \frac{V_2}{V_1} \times 1000} \qquad (6-6)$$

式中 m_1——测定用样液中着色剂的质量，mg；

m——样品质量，g；

V_1——样品解吸后样液的总体积，mL；

V_2——样液点板的体积，mL。

知识链接

一、水果及制品概述

1. 水果分类

水果作为自然界赐予人类的美味佳肴，不仅口感丰富，而且富含各种营养元素。根据水果的生长习性、口感以及形态特征，可以将其大致分为以下几类。

（1）浆果类　包括葡萄、草莓、蓝莓等，其果肉多汁，味道酸甜可口。

（2）核果类　如桃子、李子、杏子等，内部含有硬核，果肉鲜美。

（3）柑橘类　以橘子、柚子、柠檬为代表，味道多样，富含柠檬酸。

（4）瓜类　西瓜、哈密瓜、香瓜等瓜类水果，水分充足，甜度较高。

（5）热带水果　如菠萝蜜、榴莲、椰子等，多生长在热带和亚热带地区，风味独特。

此外，还有一些特殊分类，如干果类（如葡萄干、无花果干）、坚果类（如核桃、杏仁）等，虽然不属于新鲜水果，但在日常生活中也被广泛食用。

2. 水果制品分类

水果制品是指通过加工手段将新鲜水果转化为各种形式的食品，主要包括以下几类。

（1）果汁　通过压榨新鲜水果得到的液体饮品，可直接饮用或作为其他食品的配料。

（2）果酱　将水果熬煮后制成的浓稠调味品，常用于涂抹面包或作为烹饪佐料。

（3）果干　经过脱水处理后的水果干制品，便于保存和携带，是户外活动和旅行时的好选择。

（4）蜜饯　将水果用糖或蜂蜜腌制后制成的甜食，口感甜润，风味独特。

（5）水果罐头　将水果经过加工后封装在罐头中，可长期保存，便于贮存和运输。

3. 营养价值

水果及其制品含有丰富的维生素、矿物质、膳食纤维和抗氧化物质等营养成分，对人体健康有着诸多益处。

（1）补充维生素　水果富含维生素C、维生素A等水溶性维生素，有助于提高免疫力和保护视力。

（2）提供矿物质　水果中的钾、钙、镁等矿物质对维持人体正常生理功能至关重要。

（3）促进消化　水果中的膳食纤维有助于促进肠道蠕动，预防便秘等肠道问题。

（4）抗氧化作用　水果中的多酚、黄酮等抗氧化物质能够抵抗自由基的侵害，延缓衰老。

4. 食用方式

水果及其制品的食用方式多种多样，可以根据个人口味和需求选择。

（1）直接食用　新鲜水果可以直接洗净后食用，享受其原汁原味。

（2）制作饮品 果汁、果茶等是将水果加工后得到的饮品，适合口渴时饮用。

（3）烹饪佐料 果酱、蜜饯等水果制品可以作为烹饪佐料使用，为菜肴增添风味。

（4）搭配其他食品 水果干、坚果等可以搭配酸奶、麦片等其他食品食用，增加口感层次。

总之，水果及其制品不仅美味可口，而且营养丰富，是日常生活中不可或缺的食品之一。

二、水果及制品生产销售关键点

1. 原辅材料来源与选择

优质的原辅材料是制作高品质水果制品的基础。在选择水果时，应关注其产地、品质以及成熟度。例如，选择来自优质产区的水果，能够确保水果的口感和营养价值；同时，根据水果的成熟度和品质要求，进行严格的筛选和分级，确保选用的水果符合生产要求。

2. 水果处理与保存方法

在水果制品的生产过程中，对水果进行适当的处理是保证产品质量的关键。处理过程包括去皮、去核、切片等步骤，以确保水果能够更好地与其他原料融合。同时，采用科学的保存方法能够延长水果的保质期，如冷藏、真空包装等。

3. 制品加工工艺与设备需求

针对不同类型的水果，需要选择合适的加工工艺和设备。例如，在果汁生产过程中，需要使用榨汁机、过滤机等设备；在果酱生产过程中，则需要使用煮锅、搅拌机等设备。通过合理的加工工艺和设备选择，能够提高产品的品质和降低成本。

4. 食品安全与卫生管理措施

在水果及制品的生产过程中，食品安全和卫生管理至关重要，应严格遵守国家相关法规和标准，确保生产环境的卫生和产品的安全。同时，建立严格的原料检验和成品检验制度，确保每一批产品都符合质量要求。

5. 包装设计与运输贮存要求

包装设计不仅关乎产品的美观度，更关乎产品的保护性能。在设计包装时，需要充分考虑产品的特点，选择适合的材料和尺寸。同时，包装应易于识别和追溯，便于消费者购买和食用。在运输和贮存过程中，需要保持适宜的温度和湿度条件，避免产品受到损坏或变质。

综上所述，水果及制品原辅材料的全面解析涉及多个方面。只有在严格把控原辅材料质量、采用科学的加工工艺和设备、加强食品安全和卫生管理、优化包装设计和运输贮存条件以及制定有效的营销策略和渠道规划的基础上，才能生产出高品质的水果制品满足消费者需求并在竞争激烈的市场中脱颖而出。

三、水果及制品检测指标

水果及其制品作为人们日常饮食中不可或缺的一部分，其品质与安全对于消费者健康至关重要。为确保水果及制品的质量与安全，需要对其进行一系列的检测。以下是水果及制品检测的主要指标。

1. 外观检测

外观检测是水果及制品检测的第一步，主要包括对水果的色泽、形状、大小、表皮状况等进行观察。优质的水果应具有鲜艳的色泽、规整的形状和光滑的表皮，无明显破损或腐烂现象。对于水果制品，应检查其包装是否完好，标签信息是否清晰完整，以及制品的色泽、形态是否符合要求。

2. 气味检测

气味检测是通过嗅闻水果及制品的气味来判断其品质的方法。优质的水果应具有浓郁的果香，无异味或刺鼻气味。对于水果制品，如罐头、果酱等，应检查其是否具有相应的果香，无异味或腐败气味。

3. 农药残留检测

农药残留检测是水果及制品检测中非常重要的一环。由于水果种植过程中可能使用农药防治病虫害，因此需要对水果及制品进行农药残留检测，以确保其符合国家相关标准和规定。常见的农药残留检测方法包括色谱法、质谱法等。

4. 微生物检测

微生物检测是评估水果及制品卫生质量的重要指标。通过对水果及制品进行微生物检测，可以了解其是否受到细菌、霉菌等微生物的污染，以及污染程度。常见的微生物检测指标包括菌落总数、大肠菌群、沙门氏菌等。

5. 重金属检测

重金属检测是评估水果及制品中重金属含量是否超标的重要方法。重金属污染可能对人体健康造成严重影响，因此需要对水果及制品进行重金属检测。常见的重金属检测指标包括铅、汞、镉等。

6. 营养成分检测

营养成分检测是评估水果及制品营养价值的重要手段。通过对水果及制品中的维生素、矿物质、膳食纤维等营养成分进行检测，可以了解其营养价值是否丰富，是否符合相关标准和规定。常见的营养成分检测方法包括光谱法、色谱法等。

7. 化学成分检测

化学成分检测是了解水果及制品中各种化学成分含量的重要途径。这些化学成分包括有机酸、糖类、酯类等，它们对水果及制品的口感和品质具有重要影响。通过化学成分检测，可以了解水果及制品的组成和性质，为其质量控制和产品研发提供科学依据。

8. 食品添加剂检测

一些不法商家为了提高产品的口感或降低成本，可能会在水果制品中超范围使用添加剂或过量使用食品添加剂。通过食品添加剂检测，可以确保水果制品的安全性和合规性。常见的食品添加剂检测指标包括甜味剂、防腐剂、着色剂等。

拓展阅读 水果及其制品：营养、创新与人类健康的桥梁

水果及其制品，作为自然界赋予我们的宝贵财富，不仅以其独特的风味和色彩吸引着我们，更以其丰富的营养价值和健康益处为身体健康保驾护航。本文旨在全面探讨水果及其制品的定义、分类、营养价值、应用场景以及如何通过创新研发、优化生产工艺和品牌建设等手段，进一步拓展其市场潜力，提升其在人类健康与生活品质方面的重要作用。

水果及其制品富含多种维生素、矿物质和抗氧化剂，如维生素C、维生素A、钾、镁等，对维持人体正常生理功能具有重要作用。经常食用水果及其制品，可以有效预防多种慢性疾病，提高身体免疫力，延缓衰老过程。

在饮食调理方面，水果及其制品可以作为早餐、下午茶或夜宵的佳品，为身体提供必要的能量和营养。在美容养颜方面，水果中的抗氧化成分可以清除体内自由基，减缓皮肤老化过程，保持肌肤年轻态。

在食品工业中，水果及其制品被广泛用于制作各种甜品、饮品和糕点等。此外，在医药保健行业，水果提取物也被用于制作具有特定功效的保健品和药品。

拓展能力一：创新研发新颖独特的水果相关产品

为满足市场需求，我们需要不断创新研发新颖独特的水果相关产品。例如，利用现代生物技术和食品加工技术，开发具有特定保健功能的果汁饮料、水果酸奶等。同时，也可以结合传统文化和地域特色，推出具有地方特色的水果制品。

拓展能力二：优化生产工艺提高产量降低生产成本

为提高产量、降低生产成本并保持产品质量和口感，我们需要不断优化生产工艺。通过引入先进的生产设备和工艺技术，提高生产效率；通过精确控制原料配比和加工工艺参数，确保产品质量稳定；通过合理利用原料和能源资源，降低生产成本。

拓展能力三：加强品牌建设和营销推广

品牌建设和营销推广是提高消费者认知度和认可度的关键。我们需要通过打造独特的品牌形象、强化品牌文化和价值观传播、开展多样化的营销活动等手段来提升品牌知名度和美誉度。同时，也需要积极运用互联网等新媒体平台拓宽营销渠道，扩大市场影响力。

综上所述，水果及其制品在人类健康与生活品质方面发挥着重要作用。通过创新研发新颖独特的水果相关产品、优化生产工艺提高产量降低生产成本以及加强品牌建设和营销推广等手段进一步拓展其市场潜力将有助于提高消费者对水果及其制品的认知度和认可度，进而促进人类健康和生活品质的提升。

思考练习

1. 测定蜜饯中山梨酸含量，在取样时要注意什么？
2. 使用碘量法测定苹果汁中维生素C含量的原理是什么？
3. 简述用碘量法测定苹果汁中维生素C含量的过程。
4. 简述反相色谱法测定蜜饯中糖精钠含量的过程。
5. 测定蜜饯中糖精钠含量时如何采样？
6. 简述薄层层析法的基本原理。
7. 简述薄层层析法的主要操作步骤。

附　录

附录一　食品分析与检测技术技能训练工作页

任务××、××××××的测定

1. 分析任务准备

产品检验标准	
所需技能点	
所需试剂仪器	
所需其他耗材	

2. 分析任务实施

3. 分析结果处理

原始数据记录与实验数据处理

4. 任务执行评价

序号	评价项目	评 价 内 容	参考分值	个人自评	小组互评	教师评分
1	任务准备 20%	实施方案设计合理，具有可操作性	10			
		准备操作所用仪器	5			
		准确配制所需试剂	5			
2	任务实施 40%	能按照方案进行实验	15			
		能严格遵守仪器操作规范	20			
		没有造成试剂仪器、玻璃器皿破损	5			
3	任务结果 20%	能对原始数据进行准确记录和取舍	10			
		能准确利用公式进行计算	10			
4	实验态度 20%	能积极参加小组方案的设计与实施	5			
		能认真完成所承担的任务	10			
		能认真完成实验室卫生清理等后续工作	5			
5	合计		100			

附录二　食品检验管理职业技能等级证书

为深入贯彻国务院发布的《国家职业教育改革实施方案》、教育部等四部门联合印发的《关于在院校实施“学历证书+若干职业技能等级证书”制度试点方案》（教职成〔2019〕6号）、《关于做好首批1+X证书制度试点工作的通知》（教职成司函〔2019〕36号）等文件要求，落实以学生为中心，深化复合型技术技能人才培养培训模式和评价模式改革需求，提高食品专业检验人才培养质量，畅通技术技能人才成长通道，拓展就业创业本领，职业院校开展了食品检验管理职业技能等级证书实施工作。

一、食品检验管理职业技能等级证书简介

食品检验管理职业技能等级证书是结合我国目前食品检验检测及质量安全管理等岗位的技能研制开发。主要作用：食品检验检测从业人员的职业能力提升，强化职业技能、专业知识、实际操作、职业素养。其开发的政策依据为《国家职业教育改革实施方案》《职业教育提质培优行动计划（2020—2023年）》《关于在院校实施“学历证书+若干职业技能等级证书”制度试点方案》《关于进一步做好在院校实施1+X证书制度试点有关经费使用管理工作的通知》《深化新时代职业教育“双师型”教师队伍建设改革实施方案》等，标准依据为GB 2763—2021《食品安全国家标准　食品中农药最大残留限量》、GB 4789.28—2024《食品安全国家标准　食品微生物学检验　培养基和试剂的质量要求》、GB 9685—2016《食品安全国家标准　食品接触材料及制品用添加剂使用标准》等。

二、证书标准中的主要定义

1. 食品

食品指各种供人食用或者饮用的成品和原料以及按照传统既是食品又是中药材的物品，但是不包括以治疗为目的的物品。本标准中的“食品”包括食品添加剂、食用农产品、食品相关产品等。

2. 食品检验

食品检验指为保证食品质量安全，对食品生产经营活动所涉及的原辅料、半成品、成品，以及食品相关产品、环境样品等，按照相关法规和检验规程，进行抽制样、感官评价或理化检测，并通过数据处理，结合对生产过程、预防性控制措施相关文件、记录审查和现场核查，依据相关规定和标准对整个批次的产品进行合格评定的活动。

3. 食品检验管理

食品检验管理指对检测检验活动和检测检验结果的使用进行质量控制和质量管理，确保检验工作质量结果可靠和实验室安全；对食品生产从源头开始的预防控制过程和质量安全保障体系提供监测和验证，并应用于食品企业生产质量安全管理，例如，质量控制和质量保证等工作。

4. 食品检验机构

食品检验机构指依法设立或者经批准的从事食品检测检验、校准、采样活动并向社会出具有证明作用的检测数据、结果和结论，能够承担法律责任的检验检测机构。通常食品检验机构包括政府监管部门官方的检验检测机构、第一方（供方或卖方，通常是食品生产企业自有实验室）、第二方（需方或买方）和第三方（社会上独立的）检验检测机构。

三、证书的技能要求

1.食品检验管理（初级）

熟知食品检测的知识及技能，能够独立完成且胜任食品检测工作；掌握食品检验的基础知识及基本技能，能够在中、高级人员的指导下，按照相关标准和操作规程，参与承担食品检验等合格评定工作。

2.食品检验管理（中级）

在初级水平基础上，熟知食品检测检验知识及技能，掌握管理相关的进阶知识和复合技能，熟练操作较复杂设备；能够独立完成且胜任食品检验检测工作，特别是检验等合格评定工作；能够参与承担实验室质量安全管理等工作；能够对工作执行情况进行检查、纠正和持续跟进；能够了解食品质量安全管理相关知识。

3.食品检验管理（高级）

在中级水平基础上，熟知食品检验检测等实验室质量安全管理相关更加系统、综合的知识与技能，并具备一定的创新能力和国际视野，能在细分领域从事较为深入的研究、指导、管理和方案优化工作；能够参与承担对企业生产质量安全管理工作，包括对企业生产过程控制和质量安全管理体系的检查、验证和内部审核。

四、证书对应的岗位群

食品检验管理职业技能等级证书，主要面向在各类食品生产经营企业、食品检验检测认证（TIC）和咨询培训机构、市场监督管理部门等食品相关政府监管机构、企事业单位或第三方服务机构中从事食品生产经营、检验检测、认证审核、咨询培训、质量控制和保证、质量和安全管理等工作岗位。

五、证书对应岗位

样品采集类（采样）	采样员/采样工程师/采样经理/采样组长	主要负责检测样品的采集工作
检测前处理类	前处理操作工/前处理技术员/前处理检测员/前处理分析员/前处理品管/实验室前处理员	负责对实验室样品进行前处理工作，使之能够为后续检测分析工作做准备
	前处理工程师/食品/环境/药品/土壤/有机/无机/前处理员	
分析检测类	高级/检测分析师/检测分析专员	负责按照相关标准对样品进行检测分析，并得出检测结果，出具相应检测分析报告
	快检员/食品快检工程师/专检员	
	实验员/检测分析员/实验室检测分析员	
	检测分析研发人员/实验员/有机检测员/无机检测员	
	高级/检测分析工程师/检测工程师	
	微生物/环境/食品/理化/生物检测分析员	
科学仪器类	销售类：仪器销售代表/销售工程师/售后工程师/维修工程师/专员	从事科学仪器或分析仪器的销售、质控、售后服务，及在实验室及研发机构从事仪器设备的运维、质量管理相关工作，及从事大型分析仪器分析工作等
	仪器分析工程师	
	分析类：仪器分析员/分析工程师/检验工程师	
	管理类：仪器质量主管/仪器管理员/实验室仪器管理高级工程师/分析仪器主管	
	仪器耗材：销售工程师/管理员	
	仪器技术工程师，调试工程师	
实验室管理及服务类	实验室主任/主管/经理/负责人/管理员/助理	从事实验室管理、运营和技术服务，以及实验室认证认可领域服务
	实验室技术员/检验员/工程师/化验员/分析员/计量员	
	实验室检测：客服/专员/助理/主管/经理/技术支持	
	实验室报告编制员/审核员/审核工程师/报告文员/报告编制/编写员	
	CMA实验室计量认定管理/CNAS实验室认可管理/实验室认可咨询师/体系工程师	
食品安全管理类	食品安全员/食品安全管理员/食品安全管理员助理/食品安全巡视员/食品质量与安全员/市场监管（食品安全）辅助员	从事流通领域、餐饮服务业、食品加工过程中的质量安全管理工作
	食品安全检查员/食品安全检验员/食品安全监测员	
	食品安全审核员/食品安全管理体系审核员	

六、考试方案及评分标准

内容	初级	中级	高级
考试题型	理论+仿真+实操	理论+仿真+实操	理论+仿真+实操
	理论考试：单选、多选、判断	理论考试：单选、多选、判断	理论考试：单选、多选、判断
	仿真考试：仿真推荐项目	仿真考试：仿真推荐项目	仿真考试：仿真推荐项目
	实操考试：实操推荐项目	实操考试：实操推荐项目	实操考试：实操推荐项目
分值设定	总分100分，60分合格，理论+仿真+实操三项考试均达到60分即为合格，考试合格即可获得初级职业技能等级证书	总分100分，60分合格，理论+仿真+实操三项考试均达到60分即为合格，考试合格即可获得中级职业技能等级证书	总分100分，60分合格，理论+仿真+实操三项考试均达到60分即为合格，考试合格即可获得高级职业技能等级证书
考试时间	机考（理论+仿真）：90分钟	机考（理论+仿真）：90分钟	机考（理论+仿真）：90分钟
	实操考试：120分钟（可根据实操项目延长考试时间）	实操考试：120分钟（可根据实操项目延长考试时间）	实操考试：120分钟（可根据实操项目延长考试时间）

七、仿真考试项目

证书等级	项目名称	实验项目类型	考试方式	选考方式
初级	食品中脂肪的测定	食品理化检验	仿真机考	抽一
	食品中蛋白质的测定	食品理化检验		
	食品中大肠菌群的测定	食品微生物检验		
	食品中水分的测定	食品理化检验		
	食品中灰分的测定	食品理化检验		
中级	水果和蔬菜中500种农药及相关化学品残留量的测定	食品理化检验		
	食品中苯甲酸、山梨酸、糖精钠测定	食品理化检验		
	食品中铅含量的测定	食品理化检验		

续表

证书等级	项目名称	实验项目类型	考试方式	选考方式
中级	食品中亚硝酸盐与硝酸盐的测定	食品理化检验	仿真机考	抽一
	食品中有机磷类、有机氯类、氨基甲酸酯类等农药残留的测定	食品理化检验		
	食品中瘦肉精类兽药残留的测定	食品理化检验		
中级/高级	HACCP 体系审核	食品安全管理		
	ISO9001质量管理体系审核	食品安全管理		
	SC许可审核	食品安全管理		
高级	食品中黄曲霉毒素B族和G族的测定	食品理化检验		
	食品中氯霉素类兽药残留的测定	食品理化检验		
	食品中钙含量的测定	食品理化检验		
	食品中金黄色葡萄球菌的测定	食品微生物检验		
	食品中磺胺类等兽药残留的测定	食品理化检验		
	食品中赭曲霉毒素A的测定	食品理化检验		

八、实操考试项目

序号	理化	选题方式	微生物	选题方式
1	酒精溶液相对密度的测定	抽一	食品微生物检验用培养基的制备及灭菌	抽一
2	饮料中可溶性固形物的测定		细菌的革兰氏染色及观察	
3	罐头食品pH的测定		食品中霉菌的形态观察	
4	食用植物油酸价的测定		食品中菌落总数的测定	
5	食用植物油过氧化值的测定		食品中酵母菌和霉菌计数	
6	酱油中氨基酸态氮的测定		酵母菌（霉菌）的直接计数	

续表

序号	理化	选题方式	微生物	选题方式
7	硬质糖果中还原糖的测定	抽一	罐头食品的商业无菌检验	抽一
8	水样中亚硝酸盐的测定		食品中乳酸菌的检测	
9	果脯中二氧化硫的测定			

附录三　综合练习题及答案

一、单选题（将正确答案的字母填入题内的括号中）

1. 最常用的化学试剂是（　）。

A. 基准试剂　　B. 分析纯试剂

C. 优级纯试剂　　D. 化学纯试剂

2. 分析纯试剂的标签颜色为（　）。

A. 浅绿色　　B. 绿色

C. 红色　　D. 蓝色

3. 食品检验的基本步骤为（　）。

A. 样品的处理→取样或样品的采集→样品的分析检测→分析结果的记录与处理

B. 取样或样品的采集→样品的处理→样品的分析检测→分析结果的记录与处理

C. 取样或样品的采集→样品的分析检测→样品的处理→分析结果的记录与处理

D. 样品的处理→样品的分析检测→取样或样品的采集→分析结果的记录与处理

4. 利用高温处理，将样品中的有机质氧化分解，其中碳、氢、氧元素以二氧化碳和水逸出，被测的金属元素等成分被释放出来的处理方法为（　）。

A. 有机质的破坏　　B. 蒸馏法

C. 磺化法　　D. 溶剂萃取法

5. 对某些具有一定蒸气压的有机成分，常用（　）进行分离。

A. 水浴蒸馏法　　B. 减压蒸馏法

C. 加压蒸馏法　　D. 水蒸气蒸馏法

6. 将数字0.350，0.4500，1.050分别取舍到只保留一位小数，结果为（　）。

A. 0.4，0.4，1.0　　B. 0.4，0.5，1.1

C. 0.3，0.4，1.0　　D. 0.4，0.4，1.1

7. 以下误差中属于系统误差的是（　）。

A. 仪器误差　　B. 操作者的主观误差

C. 标准试剂　　D. 操作失误

8. 掺伪食物样品采集，要做到（　）。

A. 均匀性　　B. 应能反映该食品的卫生质量需要

C. 典型性　　D. 应按分析项目要求混合后采样

9. 可见光吸收分光光度法测定啤酒色度时，测定波长为（　）。

A. 457nm　　B. 430nm

C. 520nm　　D. 680nm

10. 甘汞电极中装有（　）溶液。

A. 氯化钠溶液　　B. 氯化钾溶液

C. 饱和氯化汞溶液　　D. 饱和氯化钾溶液

11. 优级纯试剂的标签颜色为（　）。

A. 浅绿色　　B. 绿色

C. 红色　　D. 蓝色

12. 有油污的玻璃器皿，其洗涤方法正确的是（　）。

A. 用（1+3）盐酸洗液洗涤，再用自来水冲洗干净

B. 用铬酸洗液浸泡，然后用自来水冲洗干净

C. 用稀硝酸洗涤后，再用自来水冲洗干净

D. 先用碱性酒精洗液洗涤，然后用洗衣粉水或肥皂水洗涤，再用自来水冲洗干净

13. 果酒中固形物的质量标准为（　）。

A. 白葡萄酒为≥17.0g/L　　B. 桃红葡萄酒为≥15.0g/L

C. 红葡萄酒为≥17.0g/L　　D. 味美思葡萄酒为≥15.0g/L

14. 分析天平的分度值是（　）。

A. 0.01g　　B. 0.001g

C. 0.0001g　　D. 0.00001g

15. 准确量取溶液2.00mL时，应使用（　）。

A. 量筒　　B. 量杯

C. 移液管　　D. 滴定管

16. 氧化是指（　）的过程。

A. 获得电子　　B. 失去电子

C. 与氢结合　　D. 失去氧

17. 在天平盘上加10mg的砝码，天平偏转8.0格，此天平的分度值是（　）。

A. 0.00125g　　B. 0.8mg

C. 0.08g　　D. 0.01g

18. 各种试剂按纯度从高到低的代号顺序是（　）。

A. GR>AR>CP　　B. GR>CP>AR

C. AR>CP>GR　　D. CP>AR>GR

19. 下面不宜加热的仪器是（　）。

A. 试管　　B. 坩埚

C. 蒸发皿　　D. 移液管

20. 物料量较大时最好的缩分物料的方法是（　）。

A. 四分法　　B. 使用分样器

C. 棋盘法　　D. 用铁铲平分

21. 用汽化法测定某固体样中的含水量可选用（　）。

A. 矮型称量瓶　　B. 表面皿

C. 高型称量瓶　　D. 研钵

22. 常用分析纯试剂的标签色带是（　）。

A. 蓝色　　B. 绿色

C. 黄色　　D. 红色

23. 不能用于分析气体的仪器是（　）。

A. 折射仪　　B. 奥氏仪

C. 电导仪　　D. 色谱仪

24. 用挥发法测定某试样的水分，结果偏高，是由于（　）。

A. 加热温度过低　　B. 加热时间过短

C. 加热温度过高　　D. 加热时间不足

25. 配制酚酞指示剂选用的溶剂是（　）。

A. 水-甲醇　　B. 水-乙醇

C. 水　　D. 水-丙酮

26. 有关滴定管的使用错误的是（　）。

A. 使用前应洗干净

B. 滴定前应保证尖嘴部分无气泡

C. 要求较高时，要进行体积校正

D. 为保证标准溶液浓度不变，使用前可加热烘干

27. 酸度计使用前必须熟悉使用说明书，其目的在于（　）。

A. 掌握仪器性能，了解操作规程　　B. 了解电路原理图

C. 掌握仪器的电子构件　　D. 了解仪器结构

28. 分析试样保留存查的时间为（　）。

A. 3 ~ 6h　　B. 3 ~ 6d

C. 3 ~ 6个月　　D. 3 ~ 6年

29. 根据电磁力补偿工作原理制造的天平是（　）。

A. 阻尼天平　　B. 全自动机械加码电光天平

C. 电子天平　　D. 工业天平

30. 下面有关移液管的洗涤使用正确的是（　）。

A. 用自来水洗净后即可移液　　B. 用蒸馏水洗净后即可移液

C. 用洗涤剂洗后即可移液　　D. 用移取液润洗干净后即可移液

31. 通常情况下，在分光光度法中，（　）不是导致偏离朗伯—比尔定律的因素。

A. 吸光物质浓度>0.01mol/L　　B. 显色温度

C. 单色光不纯　　D. 待测溶液中的化学反应

32. 721型分光光度计使用较长时间后，要检查（　）的准确性，以保证仪器的正常使用和结果的可靠性。

A. 灵敏度　　B. 波长

C. 光源　　D. 读数范围

33. 酸式滴定管尖部出口被润滑油堵塞，快速有效的处理方法是（　）。

A. 在热水中浸泡并用力下抖　　B. 用细铁丝通并用水洗

C. 装满水利用水柱的压力压出　　D. 让洗耳球嘴对吸

34. 个别测得值减去平行测定结果平均值，所得的结果是（　）。

A. 绝对偏差　　B. 绝对误差

C. 相对偏差　　D. 相对误差

35. 实验室中用以保干仪器的$CoCl_2$变色硅胶失效时的颜色是（　）。

A. 红色　　B. 蓝色

C. 黄色　　D. 黑色

36. 天平零点相差较小时，可调节（　）。

A. 指针　　B. 拔杆

C. 感量螺钉　　D. 吊耳

37. 下列天平能较快显示质量数字的是（　）。

A. 全自动机械加码电光天平　　B. 半自动电光天平

C. 阻尼天平　　D. 电子天平

38. 下列容量瓶的使用不正确的是（　）。

A. 使用前应检查是否漏水　　B. 瓶塞与瓶应配套使用

C. 使用前在烘箱中烘干　　D. 容量瓶不宜代替试剂瓶使用

39. 有关分样器的使用叙述正确的是（　）。

A. 操作费时费力　　B. 缩分后试样组分会发生改变

C. 物料质量和组分都会改变　　D. 物料组分不变，质量一分为二

40. 分光光度法中，吸光系数与（　）有关。

A. 光的强度　　B. 溶液的浓度

C. 入射光的波长　　D. 液层的厚度

41. 用酸度计测定试液的pH之前，要先用标准（　）溶液进行定位。

A. 酸性　　B. 碱性

C. 中性　　D. 缓冲

42. 制得的分析试样应（　），供测定和保留存查。

A. 一样一份　　B. 一样两份

C. 一样三份　　D. 一样多份

43. 分样器的使用不正确的是（　）。

A. 应用与分样器进料口宽度相等的铁铲进料

B. 缩分后的物料可进一步破碎缩分

C. 利用分样器缩分物料比四分法速度快

D. 物料经分样器后，质量和组分含量都会减小

44. 测定牛乳中脂肪含量的基准方法是（　）。

A. 罗兹-哥特里法　　B. 红外扫描法

C. 盖勃法　　D. 索氏抽提法

45. 当蒸馏物受热易分解或沸点太高时，可选用（　）方法从样品中分离。

A. 水蒸气蒸馏　　B. 常压蒸馏

C. 高压蒸馏　　D. 减压蒸馏

46. 用湿法进行有机物消化时，不可用作助消化剂的是（　）。

A. 过氧化氢　　B. 硝酸

C. 硫酸铜　　D. 硫酸钾

47. 脂溶性维生素测定中常用的分离杂质的方法有（　）。

A. 磺化法和皂化法　　B. 沉淀分离法

C. 掩蔽法　　D. 澄清和脱色

48. 水分检验中，恒重是指铝皿前后两次称量之差不大于（　）。

A. 5mg　　B. 0.5mg

C. 2mg　　D. 0.2mg

49.下列测定中用到折射计的是（　）。

A. 果汁中可溶性固形物的测定　　B. 罐头食品中干物质的测定

C. 饮料中灰分的测定　　D. 食用油黏度的测定

50. 一般食品中还原糖、蔗糖、总糖的测定多采用（　）。

A. 相对密度法　　B. 旋光法

C. 折射法　　D. 化学法

51. 下列仪器中，只能量取一种体积的是（　）。

A. 吸量管　　B. 移液管

C. 量筒　　D. 量杯

52. 用15mL的移液管移出的溶液体积应记为（　）。

A. 15mL　　B. 15.0mL

C. 15.00mL　　D. 15.000mL

53. 在不加样品的情况下，用与测定样品同样的方法步骤，对空白样品进行定量分析，称之为（　）。

A. 对照试验　　B. 空白试验

C. 平行试验　　D. 预试验

54. 滴定管在记录读数时，小数点后应保留的位数是（　）。

A. 1位　　B. 2位

C. 3位　　D. 4位

55. 测定食品中蛋白质含量的仲裁方法是（　）。

A. 双缩脲法　　B. 紫外法

C. 凯氏定氮法　　D. 考马斯亮蓝染色法

56. 用pH计测得的是食品的（　）。

A. 总酸度　　B. 有效酸度

C. 挥发酸度　　D. 真实酸度

57. 在30℃测得糖溶液的锤度为20，相当于标准条件20℃的锤度为（　）。

A. 20　　B. 20.68

C. 19.32　　D. 19.68

58. 以下（　）是国际食品法典委员会的缩写。

A. AOAC　　B. ISO

C. CAC　　D. OIE

59. 测水不溶性灰分时，需用（　）先溶解总灰分，过滤后，再高温处理。

A. 蒸馏水　　B. 纯净水

C. 去离子水　　D. 矿泉水

60. 紫外-可见分光光度计的紫外光源是由（　）发出的。

A. 氙灯　　B. 氘灯

C. 钨灯　　D. 空心阴极管

61. 在气相色谱仪中，样品以（　）形式与流动相结合，进入色谱柱。

A. 固体　　B. 液体

C. 气体　　D. 半固体

62. 测定酸度时，样品处理时需将样品中的（　）除去，避免对测定结果的干扰。

A. 二氧化碳　　B. 二氧化硅

C. 二氧化氮　　D. 二氧化硫

63. 下列（　）适合测量黏度较高的流体。

A. 毛细管黏度计　　B. 旋转黏度计

C. 滑球黏度计　　D. 质构仪

64. 酸不溶性灰分也是（　）。

A. 水溶性灰分　　B. 水不溶性灰分

C. 碱溶性灰分　　D. 碱不溶性灰分

65. 用凯氏定氮法测得某样品中氮元素的含量为15g，则样品中蛋白质含量推测是（　）。

A. 240g　　B. 140g

C. 93. 75g　　D. 160g

66. （　）测定是糖类定量的基础。

A. 还原糖　　B. 非还原糖

C. 葡萄糖　　D. 淀粉

67. 直接滴定法在测定还原糖含量时用（　）作指示剂。

A. 亚铁氰化钾　　B. Cu^{2+}的颜色

C. 硼酸　　D. 次甲基蓝

68. 为消除反应产生的红色Cu_2O沉淀对滴定的干扰，加入的试剂是（　）。

A. 铁氰化钾　　B. 亚铁氰化钾

C. 醋酸铅　　D. NaOH

69. K_2SO_4在定氮法中消化过程的作用是（　）。

A. 催化　　B. 显色

C. 氧化　　D. 提高温度

70. 凯氏定氮法碱化蒸馏后，用（　）作吸收液。

A. 硼酸溶液　　B. NaOH液

C. 萘氏试纸　　D. 蒸馏水

71. 灰分是标示（　）一项指标。

A. 无机成分总量　　B. 有机成分

C. 污染的泥沙　　D. 蒸馏水铁和铝等氧化物的总量

72. 测定葡萄的总酸度时，其测定结果以（　）来表示。

A. 柠檬酸　　B. 苹果酸

C. 酒石酸　　D. 乳酸

73. 用直接滴定法测定食品还原糖含量时，所用标定溶液是（　）。

A. 斐林试剂　　B. 样品
C. 葡萄糖　　D. 酒石酸甲钠

74. 高锰酸钾测定食品还原糖含量时，所用标定溶液是（　）。
A. 斐林试剂　　B. 次甲基蓝
C. 葡萄糖　　D. 高锰酸钾

75. 用水提取水果中的糖分时，应调节样液至（　）。
A. 酸性　　B. 中性
C. 碱性　　D. 任何条件均可

76. 测定pH的指示电极为（　）。
A. 标准氢电极　　B. 玻璃电极
C. 甘汞电极　　D. 银氯化银电极

77. （　）是质量的法定计量单位。
A. 牛顿　　B. 毫升
C. 千克　　D. 斤

78. 721型分光光度计使用前，仪器应预热（　）min。
A. 0　　B. 5
C. 10　　D. 20

79. 茶叶中粉末、碎茶测定时，当测定值大于5%，要求同一样品两次测定值之差为（　）。
A. <0.2%　　B. <0.3%
C. <0.5%　　D. 0.2%～0.5%

80. 茶叶中水浸出物的测定，不能用到的仪器是（　）。
A. 电热恒温干燥箱　　B. 水浴锅
C. 分析天平　　D. 高温炉

81. 肉及其制品总灰分测定时灰化温度为（　）。
A. 103℃±2℃　　B. 525℃±25℃
C. 550～600℃　　D. 95～105℃

82. 茶叶中水溶性灰分测定，要求同一样品两次测定值之差为（　）。
A. <0.2%　　B. <0.3%
C. <0.5%　　D. 0.2%～0.5%

83. 变质肉的pH为（　）。
A. 5.6～6.0　　B. 5.7～6.2
C. 6.3～6.6　　D. 6.7以上

84. 对沸点小于90℃的被蒸馏物，可用（　）进行蒸馏。
A. 沙浴法　　B. 水浴法

C. 油浴法　　D. 盐浴法

85. 肉品中脂肪的测定中常用的样品处理方法为（　）。

A. 湿法消化　　B. 澄清和脱色

C. 溶剂萃取法　　D. 盐析法

86. 对于有凡士林油污的器皿，下列洗涤方法正确的是（　）。

A. 用（1+3）盐酸洗液洗涤，再用自来水冲洗干净

B. 先用碱性酒精洗液洗涤，然后用洗衣粉水或肥皂水洗涤，再用自来水冲洗干净

C. 先将凡士林擦去，再在洗衣粉水或肥皂水中烧煮，取出用水冲洗干净

D. 先用水冲洗后，再用稀盐酸洗涤，用自来水冲洗干净

87. 下列试剂中主要用于微量分析中试样的分解及试液制备的是（　）。

A. 优级纯试剂　　B. 专用试剂

C. 生物试剂　　D. 高纯试剂

88. 我国电力的标准频率是（　）Hz。

A. 220　　B. 110

C. 60　　D. 50

89. 用酸度计测定溶液的pH时，甘汞电极的（　）。

A. 电极电位不随溶液pH变化　　B. 通过的电极电流始终相同

C. 电极电位随溶液pH变化　　D. 电极电位始终在变

90. 下面的（　）项为食品标签通用标准推荐标注内容。

A. 产品标准号　　B. 批号

C. 配料表　　D. 保质期或保存期

91. 下面对GB 2760—2024代号解释不正确的是（　）。

A. GB为强制性国家标准　　B. 2760是产品代号

C. 2024是标准发布年号　　D. 2760是标准顺序号

92. 按有效数字计算规则，3.40+5.7281+1.00421=（　）。

A. 10.13231　　B. 10.1323

C. 10.132　　D. 10.13

93. 食品中防腐剂的测定，应选用下列（　）组装置。

A. 回流　　B. 蒸馏

C. 分馏　　D. 萃取

94. 用马弗炉灰化样品时，下面操作不正确的是（　）。

A. 用坩埚盛装样品

B. 将坩埚与样品在电炉上小心炭化后放入

C. 将坩埚与坩埚盖同时放入灰化

D. 关闭电源后，开启炉门，降温至室温时取出

95. 麦芽的感官从三个方面进行检查，下面（　）不属于麦芽的感官检查项目。

A. 色泽　　B. 香味

C. 麦粒形态　　D. 麦皮状态

96. 显微镜的构造有机械和光学部分，机械部分不包括下面的（　）。

A. 镜座　　B. 光圈

C. 升降调节器　　D. 反光镜

97. 大麦浸出物测定中，应掌握大麦样品的糖化时间为（　）。

A. 1h　　B. 1.5h

C. 2h　　D. 2.5h

98. 下面的（　）不属于分光光度计的基本部件，而只是部件中的零件。

A. 单色器　　B. 光源

C. 检测系统　　D. 光电管

99. 实验室做脂肪提取实验时，应选用下列（　）组玻璃仪器。

A. 烧杯、漏斗、容量瓶　　B. 三角烧瓶、冷凝管、漏斗

C. 烧杯、分液漏斗、玻棒　　D. 索氏抽提器

100. 样品水分含量达17%以上时，样品难以粉碎，且粉碎时水分损失较大，测量样品水分应采用先在（　）下干燥3~4h，然后粉碎再测定水分。

A. 30℃　　B. 50℃

C. 80℃　　D. 100℃

二、多选题（多选、少选或选错不得分）

1. 处理样品的干灰化法需要以下（　）设备。

A. 坩埚　　B. 容量瓶

C. 马弗炉　　D. 称量瓶

2. 感官检验的基本味道是指（　）。

A. 酸　　B. 甜

C. 咸　　D. 苦

3. 采用蒸馏法测水分含量时，选用（　）作为溶剂。

A. 苯　　B. 四氯化碳

C. 二甲苯　　D. 甲苯

4. 食品中的脂类包括（　）。

A. 甘油二酯　　B. 甘油三酯

C. 类脂　　D. 类醇

5. 以下（ ）可用于测量糖溶液的浓度。

A. 波美度计　　B. 锤度计

C. 乳稠计　　D. 折射仪

6. 食品感官检验室由（ ）组成。

A. 检验区　　B. 会议区

C. 办公室　　D. 样品制备区

7. 脂类测定最常用的提取剂有（ ）。

A. 乙醚　　B. 苯

C. 石油醚　　D. 二甲苯

8. 下面是还原糖的是（ ）。

A. 乳糖　　B. 麦芽糖

C. 葡萄糖　　D. 蔗糖

9. 脂溶性维生素测定前样品需经过（ ）。

A. 皂化　　B. 水洗

C. 有机溶剂提取　　D. 浓缩

10. 紫外可见分光光度计的吸收池有（ ）两种材质。

A. 玻璃　　B. 石英

C. 水晶　　D. 卤化钠

11. 下列标准属于强制性标准的是（ ）。

A. 药品、食品安全、兽药、农药和劳动卫生标准

B. 产品生产、贮存和使用中的安全及劳动安全标准

C. 工程建设的质量、安全、卫生等标准

D. 环境保护和环境质量方面的标准

12. 分析结果的化学表示形式有（ ）。

A. 以被测组分的实际存在形式表示

B. 以一类被测组分中某一主要组分的形式表示

C. 以元素来表示一类物质

D. 以离子、离子团或氧化物表示一类物质

13. 食品污染可分为（ ）。

A. 生物性污染　　B. 化学性污染

C. 放射性污染　　D. 三废污染

14. 食品污染对人体的危害主要表现为（ ）。

A. 急性中毒　　B. 慢性中毒

C. 致突变和致畸作用　　D. 致癌作用

15. 下列数据有效数字为四位的是（ ）。

A. 64.00　　B. 2.463×10^{-5}

C. 0.0004　　D. 0.8000

16. 试剂瓶的磨口塞粘牢打不开时，可以用下列（　）法打开。

A. 用重物敲击

B. 将瓶塞在实验台边缘轻轻磕撞，使其松动

C. 用电吹风稍许加热瓶颈部分使其膨胀

D. 在粘牢的缝隙间滴加几滴乙酸乙酯

17. 要量取50.00mL溶液时，可用（　）。

A. 50mL移液管移取一次　　B. 50mL量筒移取一次

C. 50mL容量瓶移取一次　　D. 10mL吸量管吸取5次

18. 以下分析天平称量结果记录正确的是（　）。

A. 38.21g　　B. 0.3140g

C. 21.30mg　　D. 45.6mg

19. 凯氏定氮法测定蛋白质含量时样品处理的方法有（　）。

A. 溶剂萃取法　　B. 干法灰化

C. 湿法消化　　D. 蒸馏法

20. 食品污染的特点是（　）。

A. 食品污染日趋严重和普遍化，化学性物质的污染占重要地位

B. 食品污染导致的危害以慢性毒性多见

C. 污染物在生物转移中存在生物富集效应，以致轻微的污染过程经生物富集后就可对人体造成危害

D. 污染物会通过食物链转移，造成的污染后果更为严重

21. 我国的标准按约束力分类，国家标准可分为（　）。

A. 强制性标准　　B. 推荐性标准

C. 企业标准　　D. 指导性技术文件

22. 我国职业道德的基本规范是（　）。

A. 爱岗敬业，忠于职守　　B. 遵纪守法，诚实守信

C. 和睦相处，团结协作　　D. 勇于竞争，不断创新

23. 黄酒酒精度测定的常用方法有（　）。

A. 酒精比重计法　　B. 比重瓶法

C. 溶剂萃取法　　D. 滴定法

24. 食盐中的水溶性杂质为（　）。

A. 硫酸钙+氯化镁　　B. 硫酸钠

C. 硫酸镁+氯化钙　　D. 硫酸钙+硫酸镁

25. 用于校正白度仪的标准物有（　）。

A. 氯化镁标准白板　　B. 硫酸镁标准白板

C. 硫酸钡标准白板　　D. 陶瓷标准白板

26. 下列（　）样品应用乙醇作提取剂。

A. 白柠檬　　B. 巧克力

C. 饼干　　D. 面包

27. 消化时还可加入（　）作为催化剂。

A. 硫酸钾　　B. 硫酸铜

C. 氧化铜　　D. 氧化汞

28. 哪类样品在干燥之前，应加入精制海砂（　）。

A. 蔬菜　　B. 果酱

C. 面包　　D. 肉

29. 用乙醚提取脂肪时，不能用的加热方法是（　）。

A. 电炉加热　　B. 水浴加热

C. 油浴加热　　D. 电热套加热

30. 直接法测挥发性酸可采用（　）收集挥发性酸，然后用氢氧化钠滴定。

A. 蒸馏法　　B. 干燥法

C. 溶剂提取　　D. 真空法

31. 测定花生仁中脂肪含量的常规分析方法是（　），测定面包中脂肪含量的常规方法是（　）。

A. 索氏提取法　　B. 巴布科克法

C. 罗兹-哥特里法　　D. 酸水解法

32. 大豆粗脂肪的测定中样品处理的方法为（　）。

A. 溶解法　　B. 干法灰化

C. 蒸馏法　　D. 沉淀法

三、问答与计算题

1. 将称量瓶洗净，置于105℃电烘箱中烘2h左右，取出放入干燥器内，冷却后用分析天平称重为12.3457g，复烘后称重为12.3425g。用牛角匙先将细碎的酱菜样品充分搅匀后，放入恒重的称量瓶内，以分析天平精确称量，质量为17.3421g。揭开称量瓶盖，放入已调节至105℃的烘箱内于105℃烘3～4h，用坩埚钳取出称量瓶，盖好盖子，于干燥器中冷却后称重为16.8426g。再复烘1h后冷却，称重，直至恒重为止。记下烘干（恒重）后总质量为16.8426g。求该酱菜中水分的质量分数。

2. 分析纯硝酸的含量为70.0%，密度为1.42g/mL，求它的物质的量浓度。

3. 要配制浓度为0.100mol/L的盐酸溶液300mL，需要质量分数为37.2%密度为1.19g/mL的浓盐酸的体积？

4. 已知密度为1.84g/mL的浓硫酸质量分数为95%，若按1∶5的体积比与水混合，求混合后硫酸的质量分数是多少?

5. 测定肉制品中灰分的质量分数，空坩埚恒重质量为30.5088g，称取试样后，试样和坩埚的质量为36.0550g，灰化恒重后，灰分和坩埚质量为31.0260g（加入乙酸镁生成MgO的质量为0.0200g），计算肉制品中灰分的质量分数。

6. 测定全蛋粉中游离脂肪酸时，称取样品3.2450g，消耗0.05432mol/L乙醇钠标准溶液8.20mL，计算该样品中的游离脂肪酸的含量。

7. 标定乙醇钠标准溶液，称取0.2050g邻苯二甲酸氢钾，经处理后，滴定消耗乙醇钠标准溶液19.30mL，空白试验消耗乙醇钠标准溶液0.03mL，计算乙醇钠标准溶液的准确浓度。

8. 称取香肠2.6548g于锥形瓶中，用50mL乙醚-乙醇溶解后，用0.1005mol/L氢氧化钾标准溶液滴定，消耗2.40mL，计算该香肠的酸值。

9. 用质量法测某水果制品中果胶质含量，称取样品50.0g，按方法要求用水抽提并定容至250mL，抽滤，吸取滤液25mL用氯化钙沉淀，生成果胶钙，经过滤、洗涤、干燥后称量得1.20g，求此食品中果胶含量（由果胶钙换算为果胶的系数为0. 9233）。

10. 已知某有色溶液浓度为0.4×10^{-6}mol/L，用2cm比色皿测得吸光度A=0.35，求该有色化合物的摩尔吸光系数。

11. 将含量为98.0%，密度为1.84g/mL的浓硫酸10.0mL稀释至1000mL，求该溶液的物质的量浓度c（H_2SO_4）和c（$1/2H_2SO_4$）。

12. 分别在25℃和15℃用折射计测量果汁的折射率，其折射率为1.3557，已知20℃时折射率n_D^{20}=1.3557的溶液可溶性固形物的质量分数为15%，由《可溶性固形物对温度的校正表》可知，可溶性固形物质量分数为15%的校正值在25℃时为0.29，15℃时为0.33，求该果汁的可溶性固形物含量。

13. 将酱油样品制成体积分数为10%的样品稀释液，吸取10%稀释液5mL，放入洁净的250mL锥形瓶中，加入蒸馏水50mL，体积分数为10%的铬酸钾指示剂0.5mL，用0.1002mol/L硝酸银标准液滴定，至刚显砖红色沉淀时即为终点，记下耗用硝酸银标准溶液的体积为8.54mL。空白试验消耗0.1002mol/L硝酸银标准液0.52mL。与1.00mL 1.000mol/L硝酸银标准滴定溶液相当的氯化钠的质量为0.05844g，求该酱油中氯化钠的含量。

14. 称取混匀的磨碎茶叶式样2.000g，完全灰化后称量为0.105g。重复此操作，称量结果为0.105g。用25mL热蒸馏水将灰分从坩埚中洗入100mL烧杯中。加热至微沸（防溅），趁热用无灰滤纸过滤，用热蒸馏水分次洗涤烧杯和滤纸上的残留物，直至滤液和洗涤液体积达150mL为止。将滤纸连同残留物移入原坩埚中，在沸水浴上小心地蒸去水分。移入高温炉内，以（525±25）℃灼烧完全灰化后，称重为0.0809g。重复此操作后称重结果为0.0808g。求该茶叶的总灰分，水溶性灰分和水不溶性灰分的质量分数。

15. 用韦氏天平测定食用油的相对密度，油温和水温20℃，1号砝码在9处，2号砝码在3处，3号砝码在2处，4号砝码在8处。已知水在20℃时密度为0.998230g/mL。求该食用油用的相对密度d_4^{20}。

16. 测定玉米的水分含量，称量瓶重27.3506g，称取样品5.1047g，干燥至恒重后称量瓶和样品的总质量为31.9610g，求玉米的水分含量。

17. 测定芝麻中灰分含量时坩埚灼烧至质量恒定时质量为28.3516g，粉碎试样加坩埚质量为30.5216g采用乙酸镁法测定，灼烧至质量恒定时坩埚加样品的质量为29.0505g，空白试验用同一坩埚灼烧至恒重后测定，坩埚加乙酸镁乙醇溶液灼烧至质量恒定时坩埚加灰分质量为28.4502g。已知样品中水分的质量分数为2.15%，求该芝麻中的灰分的质量分数。

18. 称取乳粉样品5.4g于50mL烧杯中，用38mL温度为25~30℃的水分数次将乳粉溶解，并洗入50mL离心管中，加塞，于30℃水中保温5min，取出振摇后离心10min。倾去上层清液，重复溶解和离心分离操作后，用少量水将不溶物洗入已恒重的称量皿中，于沸水浴上将皿中水分蒸干，再移入100℃烘箱中烘至恒重。称得称量皿重29.3534g，烘干后样品加皿重为29.4632g，样品中水分质量分数为3.26%，蔗糖的质量分数为10%。求该乳粉的溶解度。

19. 用移液管吸取50.00mL已除气的啤酒样品于100mL烧杯中，置于40℃恒温水中保温30min，并不时振摇和搅拌，以除去残余的二氧化碳。取出放至室温。将盛有样品的烧杯置于电磁搅拌器上，采用酸度计测定pH，并用0.1034mol/L氢氧化钠标准溶液滴定至pH=9.0时，消耗氢氧化钠标准溶液9.21mL。求该啤酒的酸度。

20. 将啤酒除气处理后倒入10mm比色皿中，以蒸馏水做空白。用分光光度记在波长430nm下测定其吸光度为0.418。求该啤酒的色度（EBC单位，已知10mm比色皿换算为1/2in比色皿的系数为1.27，换算成EBC单位的系数为2.65，校正值为-1.2）。

21. 简述正确采样的意义。

22. 简述什么是蒸馏法以及常用的蒸馏方法有哪些?

23. 测定食品酸度时某些食品本身具有较深的颜色，如何处理?

24. 简述索式抽提法的基本原理。

25. 精密称取维生素B_{12}标准品20mg，加水准确稀释至1000mL，将此溶液置于厚度为1cm的吸收池中，在λ=361nm处测得其吸光度A为0.414，另有两个试样，一为维生素B_{12}的原料药，精密称取20mg，加水准确稀释至1000mL，同样在b=1cm，λ=361nm处测得其吸光度A为0.400。一为维生素B_{12}注射液，精密吸取1.00mL，稀释至10.00mL，同样测得其吸光度为0.518。试分别计算维生素B_{12}原料药的含量和注射液的浓度（mg/mL）。

26. 为什么凯氏定氮法测定出的食品中蛋白质含量为粗蛋白含量?

27. 现抽取软塑包装的火腿肠10kg，要求测定粗蛋白含量。

（1）某分析检验员称取经搅碎混匀的火腿0.50g于100mL凯氏烧瓶中。请写出此后的样品处理步骤。

（2）将消化液冷却后，转入100mL容量瓶中定容，移取消化稀释液10mL于微量凯氏定氮蒸馏装置的反应管中，用水蒸气蒸馏，2%硼酸吸收后，馏出液用0.0998mol/L盐酸滴定至终点，消耗盐酸5.12mL，计算该火腿肠中粗蛋白含量。

28. 用直接滴定法测定某厂生产的硬糖的还原糖含量，称取2.000g样品，用适量水溶解后，定容于250mL。吸取碱性酒石酸铜甲、乙液各5.00mL于锥形瓶中，加入10.00mL水，加热沸腾后用上述硬糖溶液滴定至终点耗去9.65mL。已知标定酒石酸铜甲溶液10.00mL耗去0.1mg/mL葡萄糖液10.15mL，问该硬糖中还原糖含量为多少?

四、填空题

1. 测挥发酸时，要在处理好的样品中加适量磷酸，其作用是______。

2. 用感官检验方法区分两个样品之间的差异时，可采用差别检验法中的______或______法。

3. 牛乳是否掺假的初步判断，除测定相对密度外，还可测定______。

4. 色谱中的两相物质分别是______和______。

5. 紫外-可见分光光度计由______，______，______，______和______组成。

6. 气相色谱仪的检测器有______，______，______三种。

7. 索氏抽提器由______，______，______和______组成。

8. 灰分的测定中______灰分反映其泥沙等的污染程度。

9. 在食品分析中总糖是指______和______。

10. 原子吸收分光光度计的主要结构由______，______，______和______组成。

11. 凯氏定氮法是通过对样品总氮量的测定换算出蛋白质的含量，这是因为______。

12. 凯氏定氮法消化过程中H_2SO_4的作用是______；$CuSO_4$的作用是______。

13. 新电极或很久未用的干燥电极，在使用前必须用______浸泡______h以上，其目的是______。

14. 食品中的灰分可分为______、______和______。

15. 密度是指______，相对密度是指______。

16. 对浓稠态样品，在测定前加精制海砂或无水硫酸钠的作用是______。

17. 测定还原糖含量时，对提取液中含有的色素、蛋白质、可溶性果胶、淀粉、单宁等影响测定的杂质必须除去，常用的方法是______，所用澄清剂有三种：______，______，______。

18. 在食品中限量元素测定时使用双硫腙的目的是______。

19. 食品中矿物质元素的测定方法，主要有______，______和______三种。

20. 样品的制备是指对采取的样品______，______及______等过程。

21. 有机物破坏法根据具体的操作方法分为______和______两类。

22. 感官检验的一般方法有______，______，______和______。

23. 还原糖主要是指______，______，______和______，测定主要采用______法，______法，______法和______法。

24. 密度计常用的种类有：______，______和______。

25. 食品卫生标准中的微生物指标一般分为______，______和______三项。

26. 亚硝酸盐在食品加工中常用为______，与食盐并用可增加抑菌作用，对______有特殊的抑制作用。

27. 原子吸收分光光度计中，空心阴极灯的预热时间影响测量的______。

28. 原子吸收分光光度计______的作用是将试样溶液中的待测元素转变为基态原子蒸汽。

答案

一、单选题

1. B 2. C 3. B 4. A 5. D 6. A 7. D 8. C 9. B 10. D
11. B 12. D 13. C 14. C 15. C 16. B 17. A 18. A 19. D 20. B
21. A 22. D 23. A 24. C 25. B 26. D 27. A 28. C 29. C 30. D
31. B 32. B 33. A 34. A 35. A 36. B 37. D 38. C 39. D 40. C
41. D 42. B 43. D 44. A 45. D 46. D 47. A 48. C 49. A 50. D
51. B 52. C 53. B 54. B 55. C 56. B 57. B 58. C 59. C 60. B
61. C 62. A 63. C 64. B 65. C 66. A 67. D 68. B 69. D 70. A
71. A 72. C 73. B 74. D 75. B 76. B 77. C 78. D 79. C 80. D
81. C 82. A 83. D 84. B 85. C 86. C 87. D 88. D 89. A 90. C
91. B 92. D 93. D 94. D 95. D 96. B 97. A 98. D 99. D 100. B

二、多选题

1. AC 2. ABCD 3. CD 4. BC 5. BD 6. AD 7. AC 8. ABC 9. ABCD

10. AB 11. ABCD 12. ABCD 13. ABC 14. ABCD 15. ABD 16. BCD 17. AC 18. BD 19. CD 20. ABCD 21. ABD 22. ABCD 23. AB 24. ABC 25. CD 26. CD 27. BD 28. BD 29. AC 30. AC 31. AD 32. AC

三、问答与计算题

1. 9.99%

2. 15.77mol/L

3. 2.47mL

4. 25.56%

5. 8.96%

6. 13.73g/100g

7. 0.05210mol/L

8. 5.08

9. 22.16g/100g

10. 4.4×10^5L/（mol · cm）

11. 0.1838，0.3677mol/L

12. 15.02%

13. 9.98g/100mL

14. 5.2%，1.2%，4.0%

15. 0.9311

16. 9.68%

17. 7.53%

18. 87.90%

19. 1.90mL/100mL

20. 12.9

21. 尽管一系列检验工作非常精密、准确，但如果采取的样品不足以代表全部物料的组成成分，则其检验结果也将毫无价值，甚至得出错误结论，因此，正确采样是得到正确分析结果的前提条件。

22. 蒸馏法是利用液体混合物中各组分挥发性的差异来进行分离的方法。一般可分为：常压蒸馏，减压蒸馏，水蒸气蒸馏。

23. 活性炭脱色或电位滴定

24. 利用脂肪能溶于有机溶剂的性质，在索氏提取器中将样品用无水乙醚或石油醚等溶剂反复萃取，提取样品中的脂肪后，蒸去溶剂得到的物质即为脂肪或粗脂肪等。

25. 96.6%；0.25mol/L

26. 因为样品中常含有核酸、生物碱、含氮脂类、卟啉以及含氮色素等非蛋白的含氮化合物。

27. （1）向凯氏烧瓶中加入研细的硫酸铜、硫酸钾和浓硫酸，轻轻摇匀，安装消化装置，于凯氏烧瓶瓶口放一漏斗，并将其以45° 斜支于有小孔的石棉网上，用电炉小火加热，待内容物全部炭化，泡沫停止产生后，加大火力，保持瓶内液体微沸，至瓶内液体呈蓝绿色透明，继续加热30min，停止加热，冷却，向凯氏烧瓶中缓慢加入蒸馏水，冷却。（2）8942.08g

28. 0.01315g/100mg

四、填空题

1. 使结合态挥发酸游离出

2. 单边检验　　双边检验

3. 乳稠度

4. 流动相　　固定相

5. 光源　　单色器　　吸收池　　检测器　记录系统

6. TCD（热导池检测器）　　ECD（电子捕获检测器）　　FID（质量型微分检测器）

7. 接收瓶　　滤纸筒　　抽提管　　冷凝管

8. 酸不溶性

9. 还原糖　　在测定条件下能水解为还原性单糖的蔗糖

10. 光源　　原子化器　分光系统　检测系统

11. 一般蛋白质含氮量为16%

12. 使有机物脱水　　炭化　　催化，指示消化终点的到达

13. 蒸馏水或0.1mol/L盐酸溶液　　24　　使玻璃电极球膜表面形成有良好离子交换能力的水化层

14. 水溶性灰分　　水不溶性灰分　　酸不溶性灰分

15. 单位体积物质的质量　　物质的密度与参考物质的密度在规定条件下的比值

16. 防止样品表面结壳焦化，使内部水分蒸发受到阻碍

17. 加入澄清剂　　中性乙酸铅　　乙酸锌-亚铁氰化钾溶液　　硫酸铜-氢氧化钠溶液

18. 使金属离子与其螯合成金属螯合物，用有机溶剂提取分离

19. 比色法　　原子吸收法　　原子荧光法

20. 分取　　粉碎　　混匀

21. 干法和湿法　　或　　灰化法和消化法

22. 视觉检验　　味觉检验　　嗅觉检验　　触觉检验

23. 葡萄糖　果糖　麦芽糖　乳糖　直接滴定法　比色法　旋光法　高锰酸钾滴定法等均可

24. 糖度计　酒精比重计　波美计

25. 菌落总数　大肠菌群　可疑致病菌

26. 护色剂　肉毒梭状芽孢杆菌

27. 稳定性

28. 原子化系统

参考文献

1. 徐春. 食品检验工（初级）. [M]. 北京：机械工业出版社，2009.
2. 黄高明. 食品检验工（中级）. [M]. 北京：机械工业出版社，2009.
3. 刘长春. 食品检验工（高级）. [M]. 北京：机械工业出版社，2010.
4. 邢文卫，陈艾霞.分析化学. [M]. 北京：化学工业出版社，2007.
5. 邢文卫，李炜. 分析化学实训. [M]. 北京：化学工业出版社，2007.
6. 苏万益. 现代企业文化与职业道德. [M]. 北京：高等教育出版社，2008.
7. 李全英. 职工职业道德与素质教育. [M]. 北京：中国工人出版社，2008.
8. 郝生宏. 食品分析检测. [M]. 北京：化学工业出版社，2011.
9. 孙清荣，王方坤. 食品分析与检验.[M]. 北京：中国轻工业出版社，2011.
10. 程云燕，李双石. 食品分析与检验. [M]. 北京：化学工业出版社，2007.
11. 王静，王丽荣，李红芸. 蜜饯类食品中苯甲酸山梨酸和糖精钠的测定[J]. 微量元素与健康研究，2008，725（4）：29-30.
12. 杨麦香，赵芳，秦喜玲. 高效液相色谱法测定蜜饯中的安赛蜜、苯甲酸、山梨酸、糖精钠[J]. 中国科技博览，2011（36）：23-24.
13. 蒋爱民，赵丽芹. 食品原料学[M]. 江苏：东南大学出版社，2007.
14. 王燕. 食品检验技术[M]. 北京：中国轻工业出版社，2013.
15. 吴晓彤. 食品检测技术[M]. 北京：化学工业出版社，2013.
16. 谢笔钧，何慧. 食品分析[M]. 北京：科学出版社，2009.